C 语言程序设计实验

韩俊英　主编

中国农业大学出版社
·北京·

内容简介

本书是为《C语言程序设计》一书专门组织编写的配套实验教材，目的在于帮助读者进一步消化和吸收C语言的相关知识，更好地掌握C语言的编程技能，提高运用C语言解决实际问题的能力。

本书题型多样、题量丰富、由简到难、深入浅出，既注重了理论知识的强化，又强调了实践技能的培养。全书共包含了五个部分，即 Visual C++ 6.0 集成开发环境简介、上机实验项目、上机测试题及参考答案、模拟试卷及参考答案和配套教材《C语言程序设计》习题解答。

本书自成体系可以单独使用，既可作为各类高等院校和相关培训机构C语言程序设计课程的教学参考书，也可作为各类考生参加全国计算机等级考试(二级C)的应试指导用书。

图书在版编目(CIP)数据

C语言程序设计实验/韩俊英主编. —北京：中国农业大学出版社，2011.8
ISBN 978-7-5655-0342-9

Ⅰ.①C… Ⅱ.①韩… Ⅲ.①C语言-程序设计-高等学校-教学参考资料 Ⅳ.①TP312

中国版本图书馆 CIP 数据核字(2011)第 133493 号

书　名 C语言程序设计实验
作　者 韩俊英　主编

策划编辑	赵　中	**责任编辑**	林孝栋　陈忠萍
封面设计	郑　川	**责任校对**	王晓凤　陈　莹
出版发行	中国农业大学出版社		
社　址	北京市海淀区圆明园西路2号	**邮政编码**	100193
电　话	发行部 010-62818525,8625	读者服务部	010-62732336
	编辑部 010-62732617,2618	出　版　部	010-62733440
网　址	http://www.cau.edu.cn/caup	**e-mail**	cbsszs@cau.edu.cn
经　销	新华书店		
印　刷	北京时代华都印刷有限公司		
版　次	2011年8月第1版　2011年8月第1次印刷		
规　格	787×1092　16开本　18.5印张　453千字		
印　数	1～3 000		
定　价	32.00元		

图书如有质量问题本社发行部负责调换

编 写 人 员

主　编　韩俊英
副主编　王联国　陈映江　李　玥
　　　　　刘泽华　刘立群　刘成忠

前 言

本书是《C语言程序设计》(中国农业大学出版社出版)一书的配套实验教材。全书共有五个部分,第一部分是Visual C++ 6.0集成开发环境简介,主要介绍Visual C++ 6.0集成开发环境和C语言程序上机操作的一般步骤,指导学生由浅入深、循序渐进地学习和掌握上机操作的方法。第二部分是上机实验项目,共包含16个实验,其中1~15个实验为验证性实验,第16个实验为综合性(设计性)实验,教师可根据实际情况指导学生选择合适的实验内容。第三部分是上机测试题及参考答案,结合全国计算机等级考试相关要求编写了20套上机测试题,这对读者巩固C语言程序设计方法、提高编程能力有所裨益。第四部分是模拟试卷及参考答案,为参加全国计算机等级考试等过关考试的读者提供一些熟悉题型、考点等方面的应试训练。第五部分给出了配套教材《C语言程序设计》习题解答。

本书通过系统的实例去引导读者一步一步进行操作和编程,全面地学习、掌握C语言内容体系中的各知识点和编程要点,在学习程序设计的过程中,养成良好的编程风格和习惯,更快地掌握程序设计、程序调试的方法和技巧。本教材各部分内容既相互联系又相对独立,并依据教学特点进行精心编排,方便读者根据自己需要进行选择。

本书在编写过程中,许多老师对教材内容的组织和安排提出了很多有益的建议,在此一并表示感谢!

由于作者水平有限,不当之处在所难免,恳请读者批评指正。

编 者

2011.5

目　录

第一部分　Visual C＋＋ 6.0 集成开发环境简介

1.1　Visual C＋＋ 6.0 工作环境介绍

1.1.1　Visual C＋＋6.0 简介

Visual C＋＋6.0 是微软公司 1998 年推出的一款基于 Windows 平台的 C/C＋＋可视化集成开发环境，由于其良好的界面和可操作性，被广泛应用。它是 Microsoft Visual Studio 6.0 家族成员之一，与其他的可视化编程环境（如 Visual Basic）一样，Visual C＋＋ 6.0 集程序的代码编辑、编译、连接、调试等功能于一体，给编程人员提供了一个完整、方便的开发环境，并提供了许多有效的辅助开发工具。Visual C＋＋ 6.0 还提供了功能强大的资源编辑器和图形编辑器，利用"所见即所得"的方式完成程序界面的设计，大大减轻了程序设计的劳动强度，提高了程序设计的效率。

1.1.2　Visual C＋＋ 6.0 的安装和启动

运行 Visual Studio 软件中的 setup.exe 程序，选择安装 Microsoft Visual C＋＋ 6.0，然后按照安装程序的向导提示逐步完成安装过程。安装完成后，单击任务栏中的"开始"按钮，选择"程序"菜单，在"程序"的级联菜单中就会出现"Microsoft Visual Studio 6.0"子菜单，在"Microsoft Visual Studio 6.0"的级联菜单中选择"Microsoft Visual C＋＋ 6.0"菜单项即可启动 Visual C＋＋ 6.0，也可以通过双击桌面快捷方式启动 Visual C＋＋ 6.0。

1.1.3　Visual C＋＋ 6.0 集成化操作界面

启动完成后，即可出现 Visual C＋＋ 6.0 的主窗口，如图 1-1 所示。

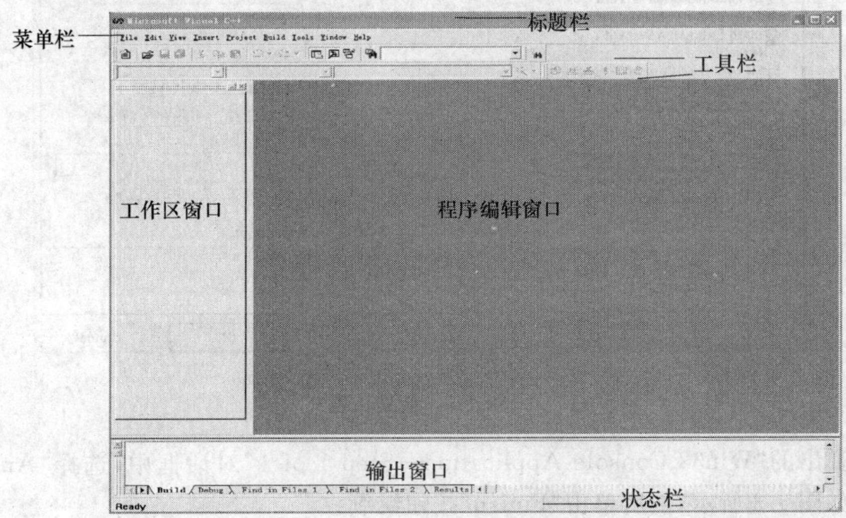

图 1-1　Visual C＋＋ 6.0 的主窗口

Visual C++ 6.0 主窗口的顶部包括标题栏、菜单栏和工具栏，其中菜单栏包括 9 个菜单项：File(文件)、Edit(编辑)、View(查看)、Insert(插入)、Project(工程)、Build(编译)、Tools(工具)、Window(窗口)、Help(帮助)。主窗口的左侧是工作区窗口，右侧是程序编辑窗口，下面是输出窗口和状态栏。工作区窗口显示所建立的工程的信息，程序编辑窗口用来输入和编辑源程序，输出窗口用来显示编译或连接时的错误信息(error)或警告信息(warning)。

1.2 Visual C++ 6.0 环境中建立 C 语言源程序

Visual C++ 6.0 是基于 C/C++的，它可以采用两种方式编写 Win32 应用程序，第一种是基于 Windows API 的 C 编程方式(又称为控制台编程方式)，其代码运行效率较高，但随着工作量的增大开发难度也逐渐增大。第二种是基于 MFC 的 C++编程方式，其代码运行效率相对较低，但工作量和开发难度相对较小。本书采用控制台编程方式建立 C 语言源程序。

1.2.1 创建工程

利用 Visual C++ 6.0 建立 C 语言源程序，首先要创建一个工程(Project)，用来存放 C 程序的所有信息。创建一个工程的步骤为：

(1)在 Visual C++ 6.0 主窗口中，选择“File”菜单中的“New”命令，在弹出的“New”对话框中单击“Projects”选项卡，选择“Win32 Console Application”工程类型，在“Project name”编辑框中填写工程名，如“Cprogram”，在“Location”编辑框中填写工程所在目录，如“C:\Cprogram”，如图 1-2 所示，然后单击“OK”按钮继续。

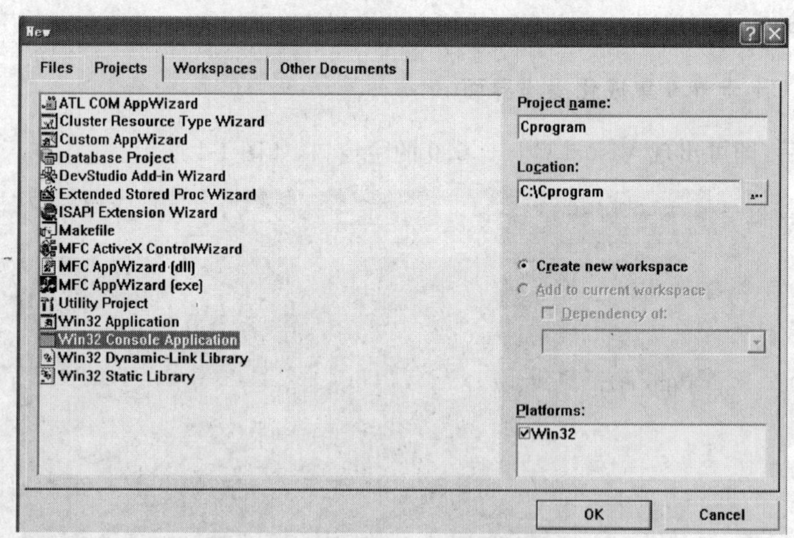

图 1-2 新建工程

(2)在弹出的“Win32 Console Application—Step 1 of 1”对话框中，选择“An empty project”选项，如图 1-3 所示，然后单击“Finish”按钮继续。

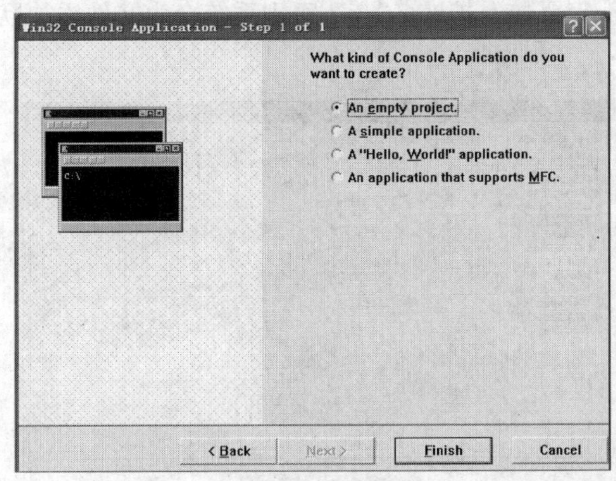

图 1-3　"Win32 Console Application—Step 1 of 1"对话框

(3)在弹出的"New Project Information"对话框中,单击"OK"按钮完成工程的创建。如图 1-4 所示。此时在"C:\Cprogram"文件夹下自动创建了工作区文件"Cprogram. dsw"和工程文件"Cprogram. dsp"。

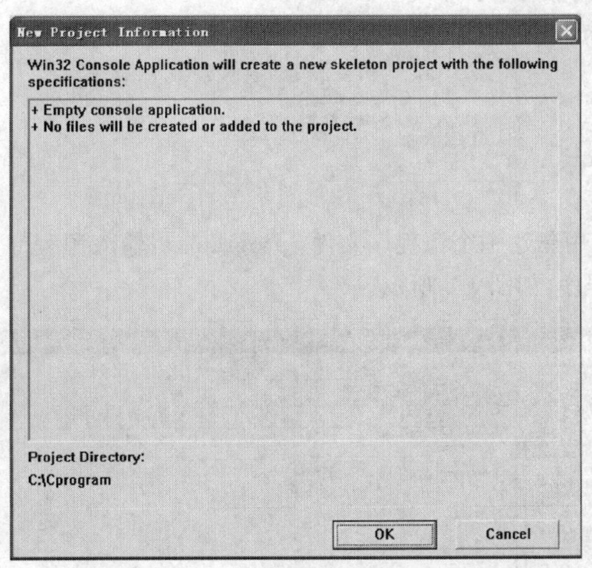

图 1-4　"New Project Information"对话框

【例 1.1】　新建一个工程,命名为 Cprogram,保存到 C:\Cprogram 文件夹下。

1.2.2　新建 C 语言源程序

创建工程后,需要为其添加一个新的 C 源程序文件。在 Visual C＋＋ 6.0 主窗口中,选择"File"菜单中的"New"命令,在弹出的"New"对话框中单击"Files"选项卡,选择"C＋＋ Source File"选项,在"File"编辑框中填写源文件名,如"cprogram. c",在"Location"编辑框中指定文件所在目录,如"C:\Cprogram",如图 1-5 所示,然后单击"OK"按钮完成 C 源文件的新建操作。

注意:填写源文件名时一定要加上扩展名“.c”,否则系统会为文件添加默认的C++源文件扩展名“.cpp”。

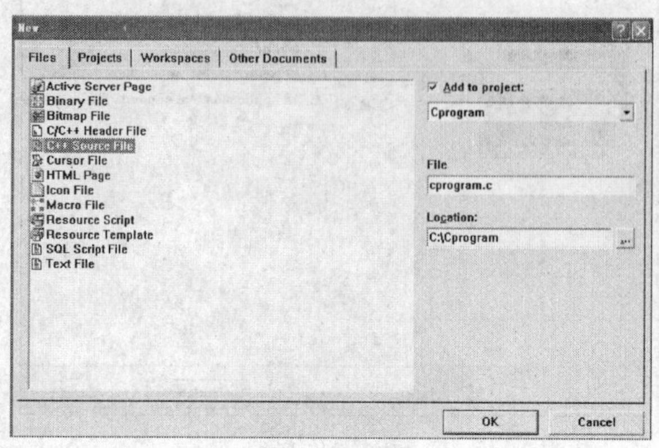

图1-5 为已有工程添加一个C源文件

此时程序编辑窗口成为一个空白的白色区域,在这里就可以输入源程序的内容。

【例1.2】 在【例1.1】创建的Cprogram工程中新建一个源程序文件,命名为cprogram.c,保存到C:\Cprogram文件夹下。

```
#include <stdio.h>
void main()
{
printf("Hello, World.\n");
}
```

在Cprogram工程中新建一个源程序文件cprogram.c,输入源程序后,选择“File”菜单中的“Save”命令保存源程序,如图1-6所示。

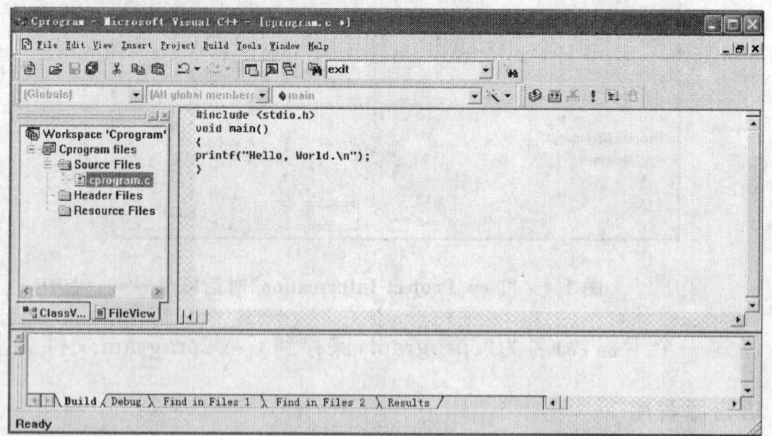

图1-6 输入C源程序

1.2.3 关闭已存在的工程

当一个工程及其源程序使用完毕后,需要将该工程关闭。在Visual C++ 6.0主窗口中,选择"File"菜单中的"Close Workspace"命令,在弹出的"Microsoft Visual C++"对话框中单击"是"按钮即可关闭该工程,如图 1-7 所示。注意:如果不关闭工程就添加并编写新的源程序,会使原来的源程序还在工作区内,从而给初学者运行程序带来麻烦。

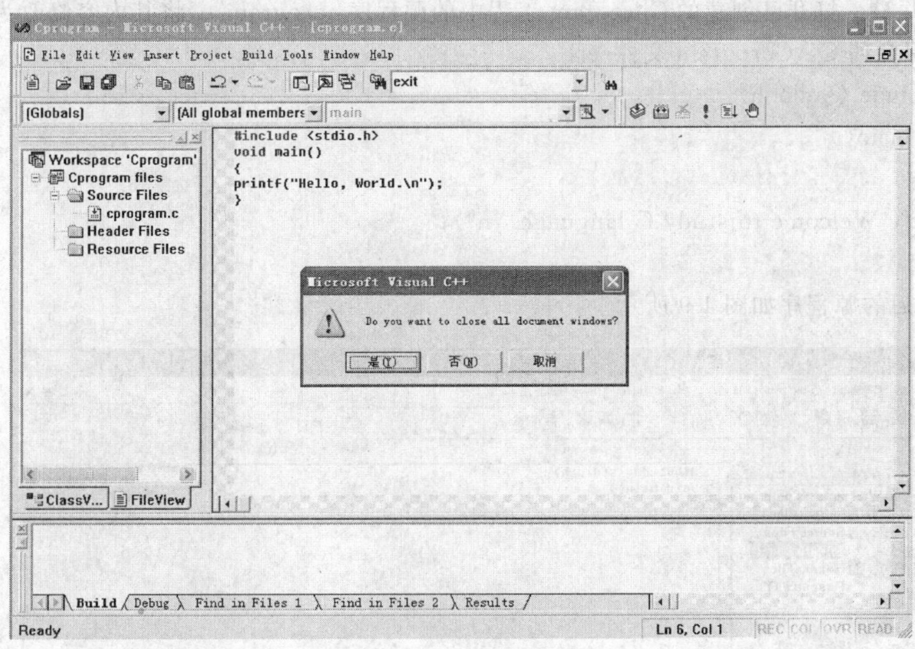

图 1-7 关闭已存在的工程

1.2.4 打开已存在的工程对 C 源程序编辑

在 Visual C++ 6.0 主窗口中,选择"File"菜单中的"Open Workspace"命令,在弹出的"Open Workspace"对话框中找到并选择要打开的工作区文件"Cprogram. dsw",单击"打开"按钮,如图 1-8 所示。

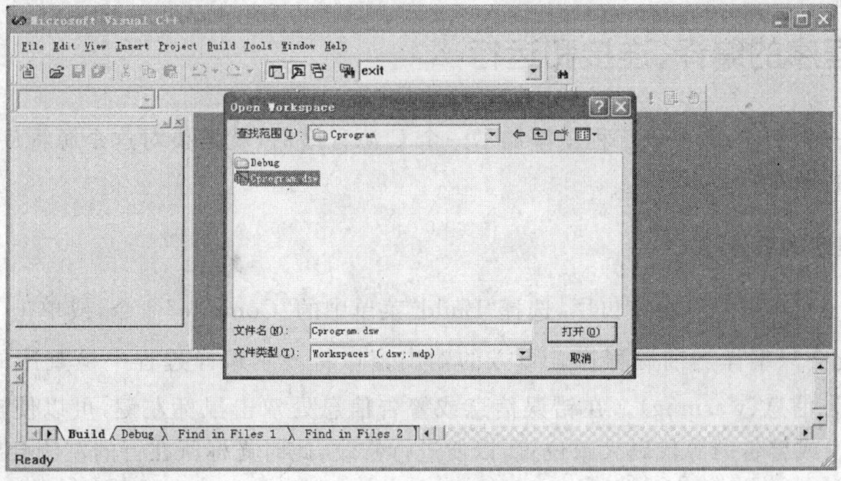

图 1-8 打开已存在的工程

打开已存在工作区后，在左侧的工作区窗口中，单击下方的“File View”选项卡，以文件视图显示，打开“Source Files”文件夹，双击其中的“cprogram. c”源程序，即可在程序编辑窗口中对该源程序进行编辑和修改。

【例 1.3】 打开已创建的 Cprogram 工程中的源程序 cprogram. c，将其内容修改为下面的程序，并保存到 C:\Cprogram 文件夹下。

```
#include <stdio.h>
void main()
{
printf("Welcome to study C language. \n");
}
```

修改后的源程序如图 1-9 所示。

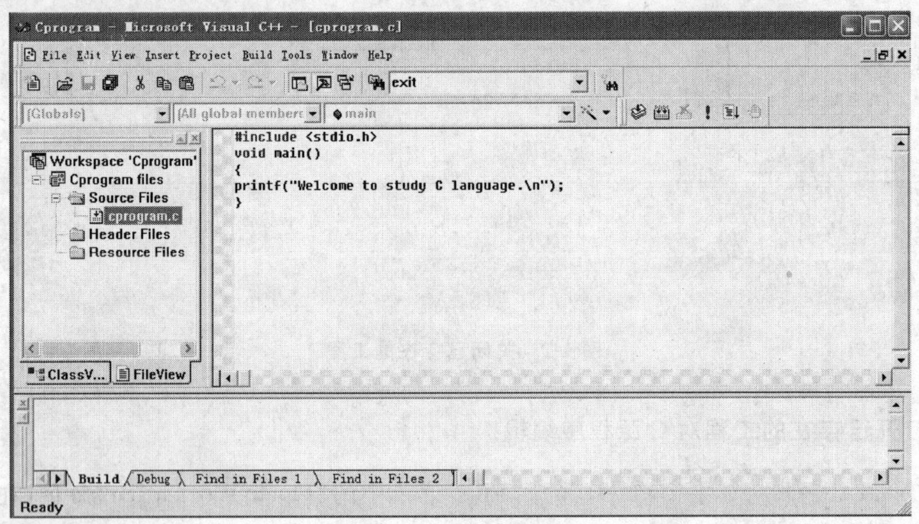

图 1-9　打开已存在工程中的源程序并编辑

1.3　源程序的编译、连接和运行

创建了一个工程，并在该工程中添加了一个 C 源程序后，就需要对这个源程序进行编译、连接和运行的操作。

1.3.1　源程序的编译

在 Visual C++ 6.0 主窗口中，选择“Build”菜单中的“Compile”命令，或单击工具栏上的按钮，系统会只编译当前源程序。下方的输出窗口将显示编译过程中检查出的错误信息(error)或警告信息(warning)。在错误信息或警告信息处双击鼠标左键，可以使输入光标跳转到引起错误或警告的源代码大致位置，以便进行修改，此时光标所在行的左侧会出现一个蓝色箭头。如图 1-10 所示，输出窗口提示“1 error(s), 0 warning(s)”，其中“error C2143: syntax error : missing ';' before '}'”，说明在“}”之前缺少分号，同时在程序编辑窗口一个蓝色箭头标注出错误语句的大致位置。在“printf("Welcome to study C language.\n")”语句后面加一个分号后再次编译,输出窗口提示“0 error(s), 0 warning(s)”。

对于一个正确的源程序,通过“Compile”命令编译成功后可以得到对应的目标文件(.obj)。

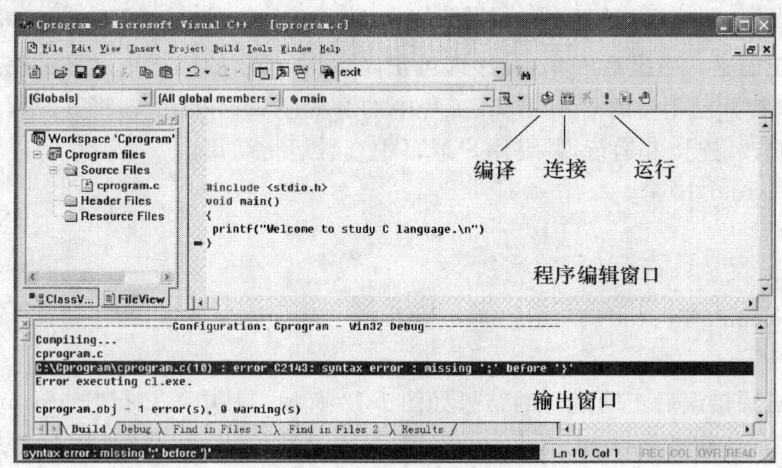

图 1-10　源程序的编译

1.3.2　源程序的连接

在 Visual C++ 6.0 主窗口中,选择“Build”菜单中的“Build”命令,或单击工具栏上的按钮,可以对编译成功的目标文件(.obj)进行连接。如果连接后没有错误信息,即输出窗口提示“0 error(s), 0 warning(s)”,可以得到对应的可执行文件(.exe)。如图 1-11 所示。

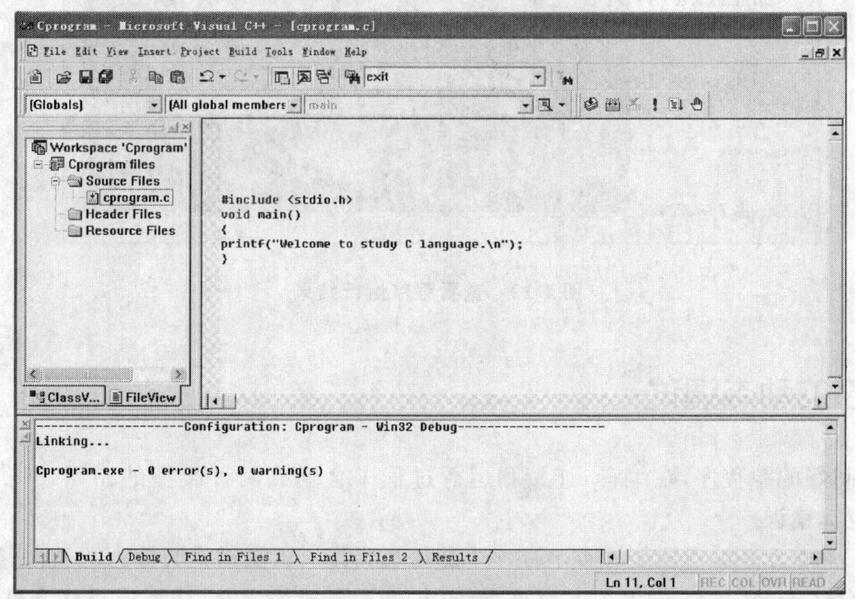

图 1-11　源程序的连接

源程序编译、连接后生成的目标文件(.obj)、可执行文件(.exe)存放在当前工程所在文件夹的“Debug”子文件夹中。

1.3.3 源程序的运行

在 Visual C++ 6.0 主窗口中，选择“Build”菜单中的“Execute”命令，或单击工具栏上的 ! 按钮，执行程序，即执行连接后生成的可执行文件(.exe)。此时会弹出用户屏幕，按照源程序的输入要求正确输入数据后回车，程序即可正确运行，程序的运行结果显示在用户屏幕中。

【例 1.4】 打开已创建的 Cprogram 工程中的源程序 cprogram.c，将其源程序修改为以下内容后，编译、修改、连接并运行，并在用户屏幕中查看运行结果。

```
#include <stdio.h>
void main()
{
printf("Welcome to study C language.\n")          //缺少分号，语法错误
}
```

程序修改语法错误后正确运行的结果如图 1-12 所示。其中第 2 行“Press any key to continue”并非程序所指定的输出，而是 Visual C++ 6.0 在输出运行结果后自动加上的一行信息，提示用户：“按任何一键以便继续”。当用户按下任何一键后，用户屏幕将关闭，回到 Visual C++ 6.0 主窗口，此时可以继续对源程序修改或作其他的工作。

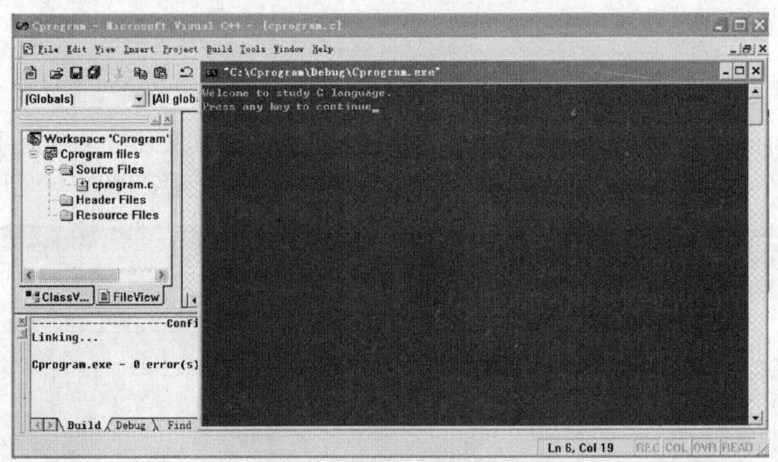

图 1-12 查看程序运行结果

1.4 程序的动态调试

一个编制好的源程序，在编译、连接和运行过程中会遇到两种类型的错误，一类是语法错误，一类是逻辑错误。

Visual C++ 6.0 编译器能检查出程序中的语法错误。语法错误又分为两类：一类是致命错误，以错误信息(error)表示，如果程序有这类错误，就通不过编译，无法形成目标文件，更谈不上运行了；另一类是警告错误，指出了一些值得怀疑的情况，以警告信息(warning)表示，这类错误不影响生成目标文件和可执行文件，但有可能影响运行的结果，因此也应当改正，使程序既无错误信息(error)，又无警告信息(warning)。注意：编译器给出的错误提示信息可能不十分准确，并

且一处错误往往会引出若干条错误提示信息，因此，修改一个错误后最好马上进行程序的编译。通过重复的编译可使程序中的语法错误越来越少，直至所有的语法错误都被修改。调试程序语法错误的方法请参照 1.3.1 和 1.3.2。

一个较为复杂的程序把语法错误都已排查完了，还是得不到正确的结果，这说明程序存在逻辑错误。Visual C++ 6.0 编译器是不能检查出程序中的逻辑错误的。为了查找和修改程序中的逻辑错误，Visual C++ 6.0 提供了重要的调试工具——Debug(调试器)。下面重点介绍如何使用 Debug 动态调试程序的逻辑错误。

1.4.1　调试环境介绍

1. 进入调试环境

在 Visual C++ 6.0 主窗口中，选择“Build”菜单中的“Start Debug”菜单项，在弹出的子菜单中选择“Step Into”菜单项；或者在工具栏空白处单击鼠标右键，在弹出的菜单中选择“Debug”菜单项，此时将弹出 Debug 工具条，单击激活 Debug 工具条，选择 按钮。这两种方法都可以使 Visual C++ 6.0 进入调试环境界面。

注意：进入调试环境界面后，如果 Debug 工具条自动隐藏了，可以在工具栏空白处再次单击鼠标右键，在弹出的菜单中选择“Debug”命令，此时 Debug 工具条将弹出不再自动隐藏。

在 Visual C++ 6.0 调试环境界面中，主窗口菜单栏中的“Project(工程)”变为“Debug(调试)”菜单，左侧的工作区窗口隐藏，右侧的程序编辑窗口扩展并最大化，下面的输出窗口隐藏，出现 Variables 窗口和 Watch 窗口，如图 1-13 所示。单击 Debug 工具条上的 按钮和 按钮，可以打开/关闭这两个窗口。

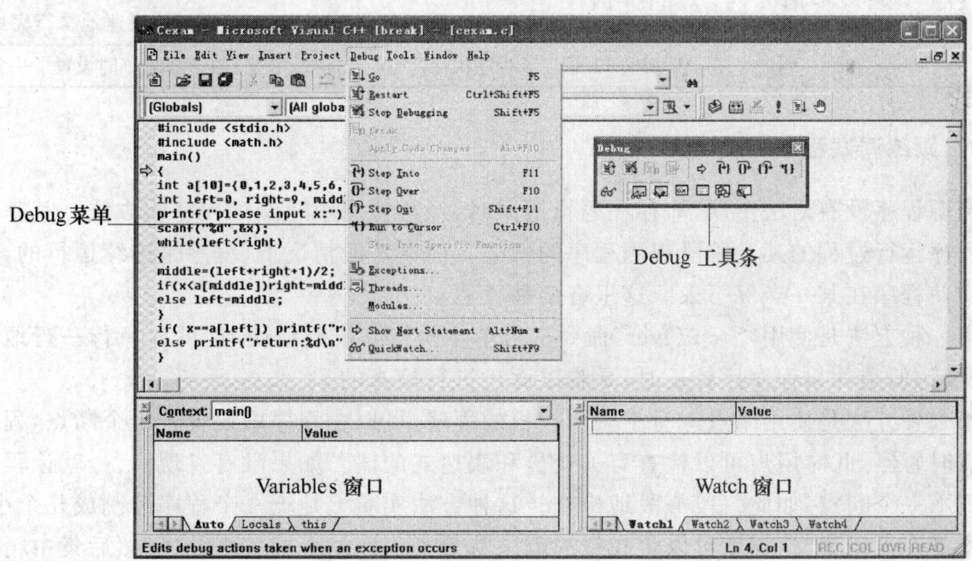

图 1-13　调试环境界面

2. Variables 窗口

Variables 窗口用于观察和修改变量的当前值，Debug 可根据当前程序运行过程中变量的变化情况自动选择应显示的变量。用户可以在 Variables 窗口的 Context 下拉框选择要查看的函数,会在 Variables 窗口中显示函数局部变量的当前值。该窗口中有 3 个标签,Auto 标签中显示当前语句或前一条语句中变量的值和函数的返回值。Locals 标签中显示当前函数局部变量的名称、值和类型。this 标签以树型方式显示当前类对象的所有数据成员,单击"+"号可展开 this 指针所指对象。

3. Watch 窗口

Watch 窗口用于观察和修改变量或表达式的值。它有 4 个标签,在每个标签中,用户都必须手工设置要观察的变量或表达式。

4. Debug 菜单

Debug 菜单中的菜单项和相应功能见表 1-1。

表 1-1 Debug 菜单中的菜单项和相应功能

菜单项	按钮	快捷键	功能
Go		F5	开始或继续调试程序,到某个断点、程序的结束或需要用户输入的地方停止
Restart		Ctrl+Shift+F5	重新开始执行程序,并处于调试状态
Stop Debugging		Shift+F5	终止程序的调试,返回到程序编辑的状态
Break			在当前位置暂停程序的执行
Step Into		F11	单步执行程序的每一个指令,能进入被调用的函数内部
Step Over		F10	单步执行程序的每一个指令,当遇到一个函数的调用时,该函数被执行,但并不进入该函数内部
Step Out		Shift+F11	运行到当前函数调用返回后的第一条语句;使用这个命令能在已确定错误不在当前函数中时,快速地执行完此函数
Run to Cursor		Ctrl+F10	程序执行到当前光标处,相当于在光标处临时设置了一个断点

1.4.2 跟踪调试程序

当源程序没有语法错误,却存在逻辑错误时,经常使用跟踪调试程序的方法。其基本原理是在程序运行过程的某一阶段观测程序的状态。而在一般情况下,程序是连续运行的,所以我们必须使程序在某一点停下来。这里有两种方法:

第一种方法是使用"Step Over"命令进行单步执行来排查错误,这可以一行一行地跟踪程序的执行,但是如果程序比较长时,是难以逐行进行检查的。

第二种方法是使用断点。对于一个较长的程序,可以在程序中设置若干个断点,程序执行到断点时暂停,此时用户可以检查有关变量和表达式的值。如果没有发现错误,就让程序继续执行到下一个断点,如此一段一段地检查。这种方法实质上是把一个程序分割成几个小分区,逐区检查有无错误,这样就可以将找错的范围从整个程序缩小到一个分区,然后集中精力检查有问题的分区,还可以再在该分区内设若干个断点,把一个小分区分成几个更小的分区,然后寻找有错的小分区。用这种方法可以不断缩小找错范围直到找到出错点。下面主要介绍如何设置断点来调试程序。

1. 设置断点

利用 Visual C++ 6.0 提供的调试环境,可以设置从简单到复杂的各种断点。这里提供两种设置断点的方法。

第一种方法是首先把光标定位到需要设置断点的程序行上，然后单击工具栏上的按钮或按 F9 功能键，此时该程序行的左侧会出现一个红色圆点，如图 1-14 所示，即已在该程序行处设置一断点。

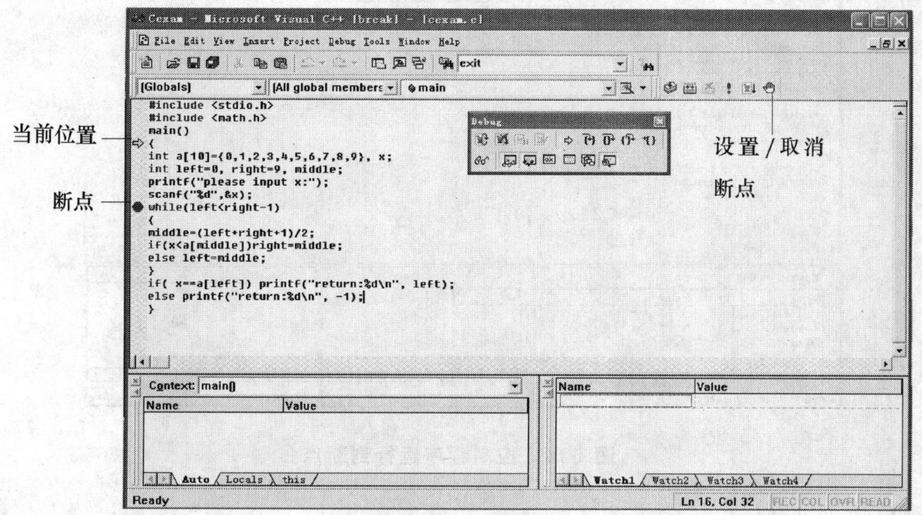

图 1-14　设置断点

第二种方法是在 Visual C++ 6.0 主窗口中，选择“Edit”菜单中的“Breakpoints”菜单项，在弹出的“Breakpoints”对话框中，单击“Location”选项卡，然后单击“Break at”组合框右侧的箭头，在下拉列表中选择“Line xx”选项，即可以直接在光标定位行处设置断点，如图 1-15 所示，在程序第 14 行处设置断点。

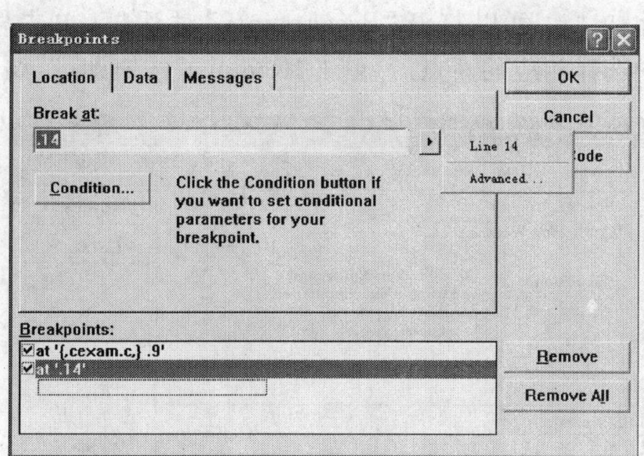

图 1-15　Breakpoints 对话框

2. 控制程序运行

当设置完断点后，就可以控制程序运行到断点。在 Visual C++ 6.0 主窗口中，选择“Debug”菜单中的“Go”命令，或者单击工具栏上的按钮，程序执行到第一个断点处，将暂停执行，该断点处所在程序行的左侧红色圆点上会添加一个黄色箭头。继续执行该命令，程序运行到下一个相邻的断点。如图 1-16 所示。

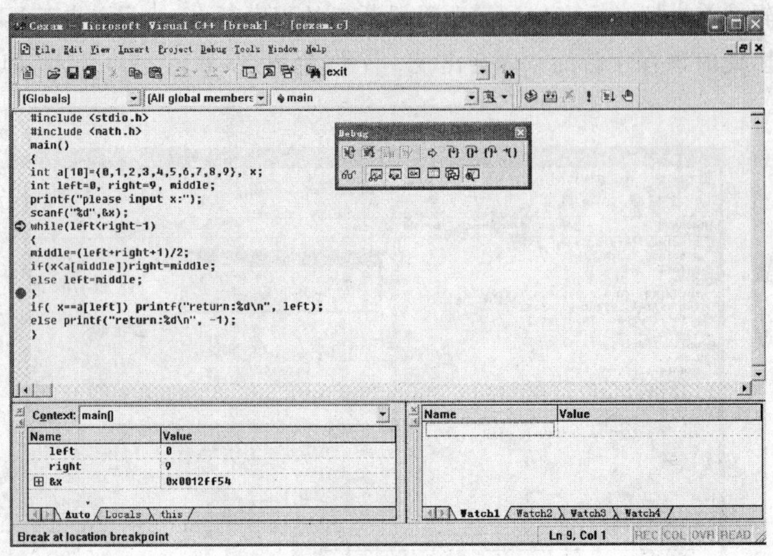

图 1-16　控制程序运行到断点

3. 观察数据变化

在调试过程中,用户可以通过 Variables 窗口和 Watch 窗口查看当前变量的值。这些信息可以反映程序运行过程中的状态变化以及变化结果的正确与否,可以反映程序是否有错,再加上人工分析,就可以发现错误所在。

4. 取消断点

想取消某处断点,将光标定位到该断点所在的程序行,再次单击工具栏上的按钮或按 F9 功能键即可取消断点。也可以打开"Breakpoints"对话框,单击"Location"选项卡,在"Breakpoints"选项组中选择相应的断点后,单击"Remove"按钮即可,如图 1-17 所示。

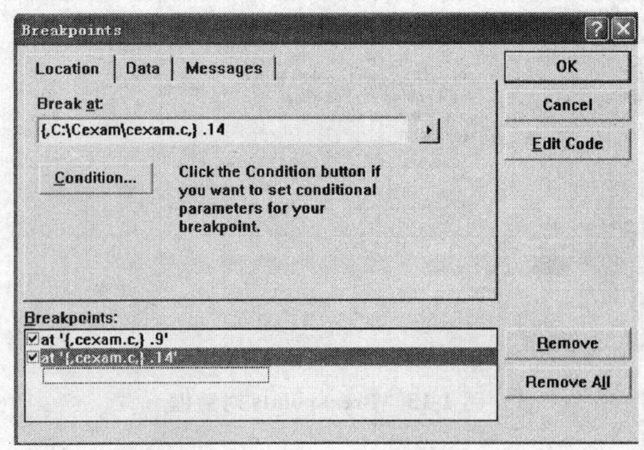

图 1-17　"Breakpoints"对话框取消断点

5. 结束调试

如果通过断点调试后,程序运行正确,可以结束调试。在 Visual C++ 6.0 主窗口中,选择"Debug"菜单中的"Stop Debugging"菜单项或单击 Debug 工具条上 的按钮，可以结束调试，返回程序编辑状态。

【例 1.5】　给定已经排好序的 n 个元素，现要在这 n 个元素中找出一个特定的元素 x。使用 Step Over(单步执行)的方法调试并观察程序的变化情况。

```
#include 〈stdio. h〉
#include 〈math. h〉
main()
{
 int a[10]={0,1,2,3,4,5,6,7,8,9}, x;
 int left=0, right=9, middle;
 printf("please input x:");
 scanf("%d",&x);
 while(left<right)
    {
     middle=(left+right+1)/2;
     if(x<a[middle])right=middle;
     else left=middle;
    }
 if( x==a[left]) printf("return:%d\n", left);
 else printf("return:%d\n", -1);
}
```

编译该程序，编译结果如图 1-18 所示，没有一个"error"和"warning"，这说明程序中没有任何语法错误。紧接着运行该程序，系统打开用户屏幕，如图 1-19 所示，键入 3 后回车，运行结果并不显示出来，此时出现逻辑错误(死循环)。先将这个用户屏幕关闭，再单击 Visual C++ 6.0 主窗口，下面开始调试该程序。

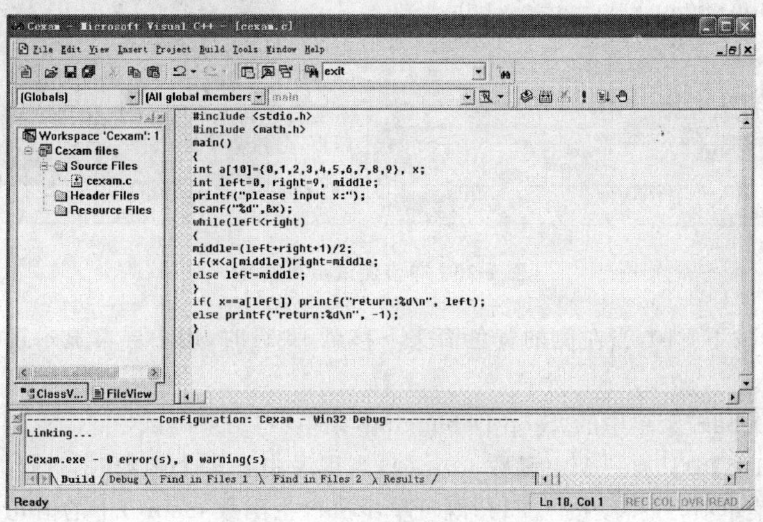

图 1-18　【例 1.5】的编译、连接

图 1-19 用户屏幕无运行结果

(1)选择“Build”菜单中的“Start Debug”菜单项,在弹出的子菜单中选择“Step Into”菜单项,进入调试环境界面。

(2)选择“Debug”菜单中的“Step Over”菜单项后,在程序的第四行的左侧出现一个黄色箭头,下方的 Variables 窗口出现了各变量的值,并且弹出新的用户屏幕。此时持续单击 Debug 工具条上的 按钮或按功能键 F10,左侧的黄色箭头会一行一行往下移,表示一句一句在执行程序,当移至 scanf 语句时,按下 F10,需要输入数据,切换到用户屏幕,此时用户再次键入 3 后回车,切换到调试环境界面,再持续按下 F10,左侧的黄色箭头会在第 9、11、12、13、14 行之间循环跳转,而无法跳转到后续行上,说明这五行语句构成了死循环,如图 1-20 所示。修改程序的 while 循环,将循环判定条件中的 while(left＜right)修改为 while(left＜right-1)。

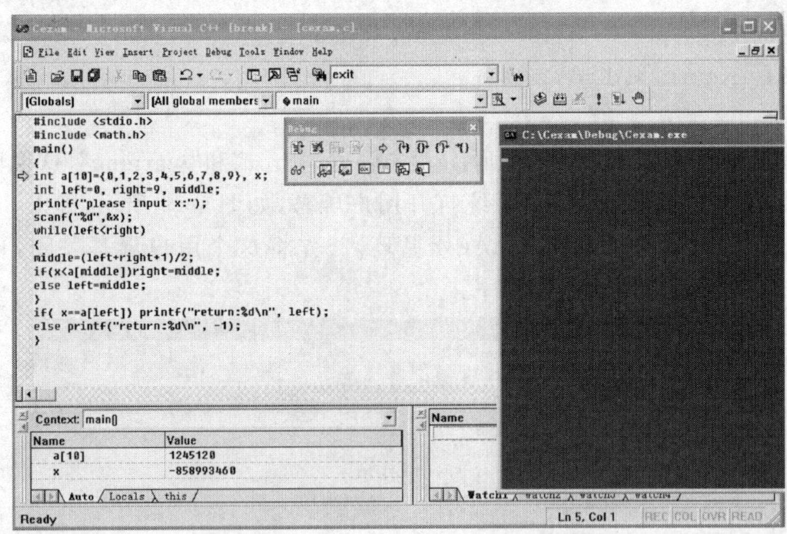

图 1-20 单步测试出死循环

(3)再持续按下 F10,当左侧的黄色箭头下移至 16 行时,用户屏幕显示正确的运行结果,如图 1-21 所示。

(4)选择“Debug”菜单中的“Stop Debugging”菜单项,结束调试。

注意:【例 1.5】中只有一个主函数 main(),当程序中有多个函数时,选择“Debug”菜单中的“Step Into”菜单项,或持续按下 F11,既可单步执行主函数 main()中的语句,也可跳转至其他函数,执行其中的语句。

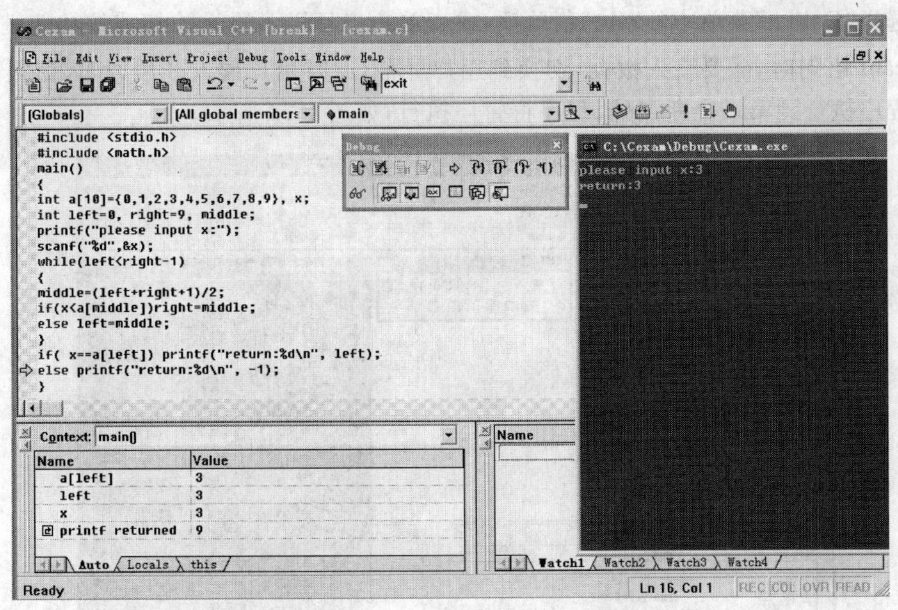

图 1-21　用户屏幕显示正确结果

【例 1.6】　对【例 1.5】的源程序，使用设置断点的方法调试并观察程序的变化情况。

输入【例 1.5】的有错误的源程序，编译该程序，没有一个“error”和“warning”，程序没有语法错误。由【例 1.5】可知程序中存在逻辑错误(死循环)。下面采用设置断点的方法调试该程序。

(1)选择“Build”菜单中的“Start Debug”菜单项，在弹出的子菜单中选择“Step Into”菜单项，进入调试环境界面。

(2)把光标定位到程序的第 9 行，然后单击工具栏上的按钮或按 F9 功能键，在第 9 行上设置一个断点。用同样的方法在第 14、17 行上也分别设置断点。断点设置完毕，如图 1-22 所示，被设置断点的三个语句左侧分别出现一个红色圆点。

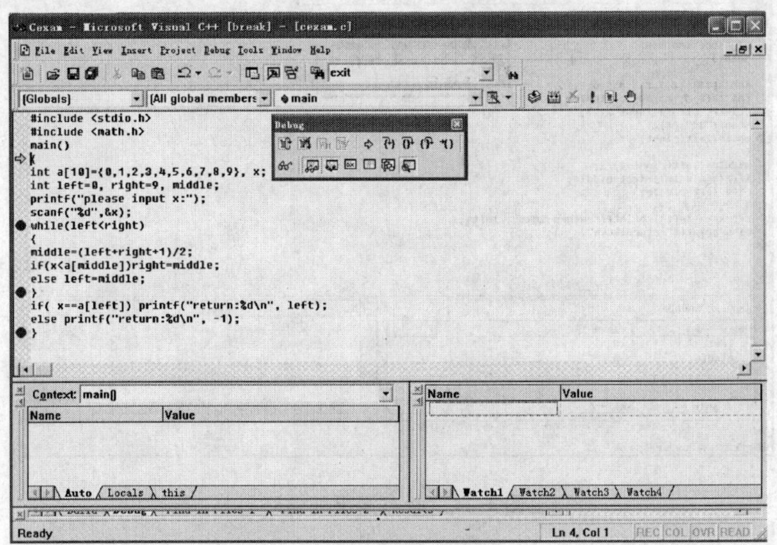

图 1-22　设置三个断点

(3)选择“Debug”菜单中的“Go”菜单项，或者单击工具栏上的按钮或按功能键 F5，程序运行至 scanf 语句时，需要输入数据，切换到用户屏幕，此时用户键入 3 后回车，切换到调试环境界面，程序执行到第一个断点处，程序将暂停执行，如图 1-23 所示。

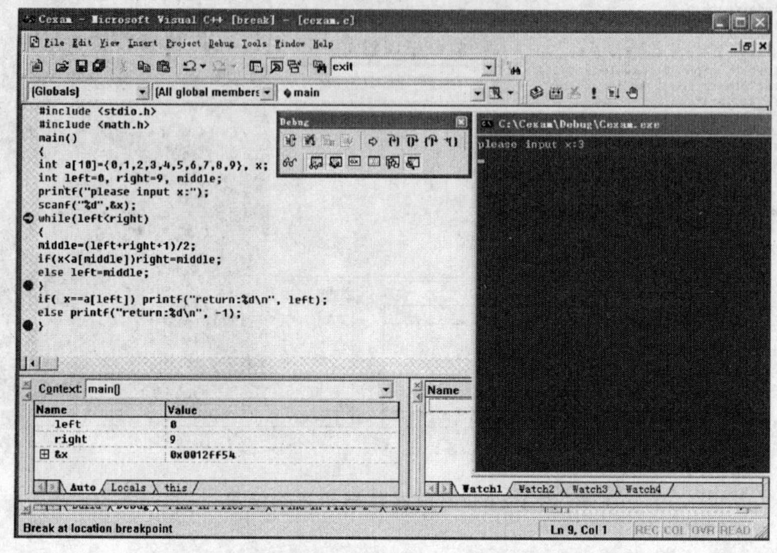

图 1-23 执行到第一个断点处

(4)持续单击工具栏上的按钮或按功能键 F5，左侧的黄色箭头会在第一个断点和第二个断点之间循环跳转，而无法跳转到第三个断点，说明这两处断点之间的语句构成了死循环，如图 1-24 所示。修改程序的 while 循环，将循环判定条件中的 while(left＜right)修改为 while(left＜right - 1)。

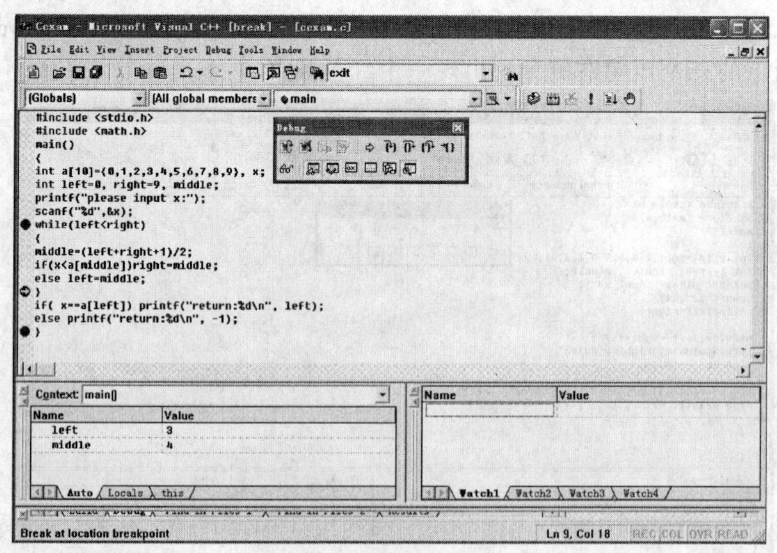

图 1-24 断点测出死循环

(5)再次单击工具栏上的按钮或按功能键 F5，直到左侧的黄色箭头跳转到第三个断点处，用户屏幕显示正确的运行结果，如图 1-25 所示。

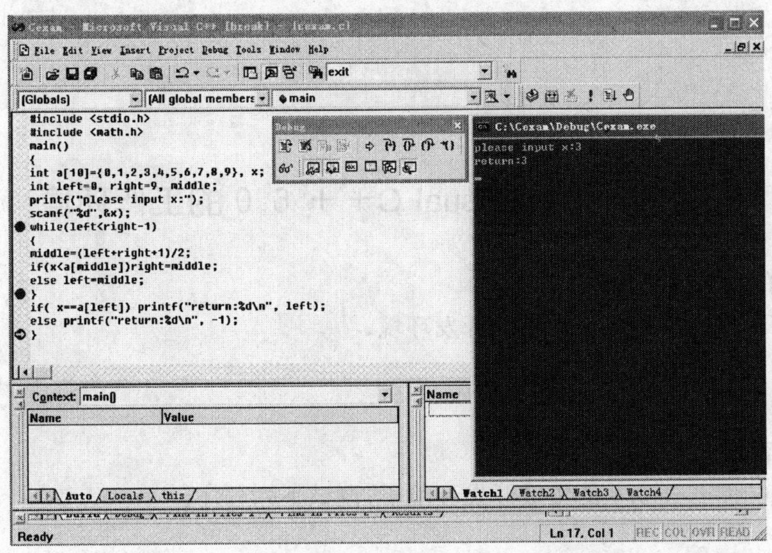

图 1-25　用户屏幕显示正确结果

(6)选择“Debug”菜单中的“Stop Debugging”菜单项，结束调试。

通常情况下，要调试一个较长的程序时，上述两种方法会结合使用。

1.5　退出 Visual C++ 6.0 工作环境

当用户完成任务不再使用 Visual C++ 6.0 编程时，应当退出 Visual C++ 6.0 工作环境。首先按照 1.2.3 中所示步骤将已打开的工程关闭。然后在 Visual C++ 6.0 主窗口中，选择 “File”菜单中的“Exit”命令，或单击标题栏右端的☒按钮，即可退出 Visual C++ 6.0 工作环境。

第二部分　上机实验项目

实验一　熟悉 Visual C++ 6.0 的工作环境

1. 实验目的

(1)熟悉 Visual C++ 6.0 的集成开发环境；

(2)了解 C 语言程序的总体结构；

(3)掌握上机调试程序的基本步骤。

2. 实验内容

(1)在 Visual C++ 6.0 的集成开发环境下，调试下列程序。

参考代码：

```
#include <stdio.h>
void main()
{
 printf("Hello,world! \n");
}
```

(2)在 Visual C++ 6.0 的集成开发环境下，调试下列求两个整数和的程序。

参考代码：

```
#include <stdio.h>
void main()
{
 int a, b, sum; // 定义变量
 a=10; // 给变量 a 赋整数值 10
 b=20; // 给变量 b 赋整数值 20
 sum=a+b; // 求和
 printf("sum=%d\n", sum); // 输出
}
```

(3)在 Visual C++ 6.0 的集成开发环境下，调试下列求任意两个整数的和与差，要求计算和与差的操作分别用函数实现的程序。

参考代码：

```
#include <stdio.h>
int add(int x, int y)/*add 函数，求两数的和，其中 x 和 y 为形式参数*/
{
 int z;
 z=x+y;
```

```
 return z; /＊返回 z 的值,即将两数的和传回到主函数＊/
}
int sub(int x, int y)/＊sub 函数,求两数的差,其中 x 和 y 为形式参数＊/
{
 return x－y; /＊返回 x－y 的值,即将两数的差传回到主函数＊/
}
void main()
{
 int a, b, c; /＊定义变量＊/
 scanf("%d%d", &a,&b); /＊输入数据＊/
 c＝add(a, b); /＊调用 add 函数计算两数的和＊/
 printf("%d＋%d＝%d\n", a,b,c); /＊输出和＊/
 printf("%d－%d＝%d\n", a,b,sub(a, b)); /＊输出差＊/
}
```

实验二 数据类型、运算符与表达式

1. 实验目的

(1)掌握 C 语言的各种基本数据类型的概念、特点及使用方法;

(2)理解并掌握常量与变量的概念;

(3)熟练掌握各类数值型数据间的混合运算;

(4)熟练掌握各种基本运算符及其表达式的意义及使用方法。

2. 实验内容

(1)输入一个字符,输出该字符的字形,并以十六进制与八进制的形式输出其 ASCII 码值。

参考代码:

```
#include <stdio.h>
void main()
{
 char ch;
 scanf("%c",&ch); /＊输入一个字符＊/
 printf("%c 的 ASCII 值为%d,%o,%x\n",ch,ch,ch,ch);
}
```

(2)输入一个字符,若该字符是'a',输出“Please introduce you to me!”,否则,换行输出“I am a student. Now, I am studying in Gansu Agriculture University.”

参考代码:

```
#include <stdio.h>
void main()
 {
 char c;
```

```
 scanf("%c",&c);
 if(c=='a')printf("Please introduce you to me! \n");
 else printf("I am a student. Now, I am studying in Gansu Agriculture University.\n");
}
```

(3)写出下面程序的运行结果,并分析原因。

参考代码:

```
#include <stdio.h>
main()
{
 int a,b;
 unsigned c,d;
 long e,f;
 a=1;b=2;
 c=-1;
 d=-2;
 e=a+c;f=b-d;
 printf("\ne=%d,f=%d,e=%ld,f=%ld,e=%u,f=%u\n",e,f,e,f,e,f);
}
```

(4)写出下面程序的运行结果,并分析原因。

参考代码:

```
#include <stdio.h>
main()
{
 int a,b;
 unsigned i,j;
 a=32767;
 b=a+1;
 i=65535;
 j=i+1;
 printf("%d,%d,%u, %u",a,b,i,j);
}
```

(5)写出下面程序的运行结果,并分析原因。

参考代码:

```
#include <stdio.h>
main()
{
 float a;
 a=123456789.123456789;
 printf("\n%f,%e",a,a);
```

```
}
```

(6)写出下面程序的运行结果,并分析原因。

参考代码:

```
#include <stdio.h>
main()
{
 char c1,c2,c3,c4;
 c1='a';c3=c1+4;
 c2='A';c4=c2-5;
 printf("\n%c,%c",c1,c3);
 printf("\n%c,%c",c2,c4);
 printf("\n%d,%d",c1,c3);
 printf("\n%d,%d",c2,c4);
}
```

(7)写出下面程序的运行结果,并分析原因。

参考代码:

```
#include <stdio.h>
void main()
{
 int x=3,y;
 y=--x+--x+x++;
 printf("x=%d y=%d\n",x++,++y);
}
```

(8)写出下面程序的运行结果,并分析原因。

参考代码:

```
#include <stdio.h>
void main()
{
 int m=0,n=0,a=0,b=0,c=0,d=0;
 if((m=a==b)||(n=c==d))
 printf("m=%d n=%d\n",m,n);
 printf("%d\n",1? (! 1? 3:2 ):(0? 1:0));
}
```

(9)输入一个整数,将其低16位保留原样,高16位全置为1,并以十六进制形式输出该数。

参考代码:

```
#include <stdio.h>
void main()
{
 int x,y;
```

```
  scanf("%d",&x);
  x=x|0xffff0000;
  printf("十进制数：x=%d\n",x);
  printf("十六进制数:x=%x\n",x);
}
```

(10)写出下面程序的运行结果，并分析原因。

参考代码：

```
#include <stdio.h>
void main()
{
  int a=2,b=3,c=4,d;
  float e;
  d=-a*b/c+1.5+'a';
  e=-a*b/c+1.5+'a';
  printf("\nd=%d ",d);
  printf("\ne=%f",e);
}
```

实验三 顺序结构程序设计

1. 实验目的

(1)加深C语言程序中语句的理解；

(2)熟练掌握带格式的整型、实型、字符型数据的输入输出函数的使用；

(3)熟练掌握基本的字符函数和数学函数的使用；

(4)加深结构化程序设计中顺序结构的理解。

2. 实验内容

(1)输入一个华氏温度，要求输出摄氏温度。公式为C=5/9(F-32)，输出要有文字说明，取2位小数。

参考代码：

```
#include <stdio.h>
void main()
{
    float f,c;
    printf("please input F: ");
    scanf("%f", &f);
    c=5.0/9*(f-32);
    printf("\n the changed C is: ");
    printf("%.2f\n",c);
}
```

(2)输入右图所示的垫圈的外直径和垫圈中心空洞的直径，编写程序求圆形垫圈的平面面积并输出。(要求用浮点数，保留两位小数)

参考代码：

```
#include <stdio.h>
#include <math.h>
void main()
{
    float rad1,rad2,area1,area2,area;
    printf("please input big radium:\n ");
    scanf("%f", &rad1);
    printf("please input small radium:\n ");
    scanf("%f", &rad2);
    area1=3.1416 * pow(rad1,2);
    area2=3.1416 * pow(rad2,2);
    area=area1-area2;
    printf("\n the area of the circle is: ");
    printf("%.2f\n",area);
}
```

(3)使用%c、%s 控制，编写程序输出下列钻石图案。

```
   *
  ***
 *****
*******
 *****
  ***
   *
```

参考代码：

```
#include <stdio.h>
#include <string.h>
void main()
{
    printf("\n   %c",'*');//3 个空格
    printf("\n  %s", "***");//2 个空格
    printf("\n %s", "*****");//1 个空格
    printf("\n%s", "*******");//无个空格
    printf("\n %s", "*****");//1 个空格
    printf("\n  %s", "***");//2 个空格
    printf("\n   %c/n",'*');//3 个空格
```

```
}
```

(4)输入大写字母,输出其本身及与之对应的 ASCII 码,并将其转化为小写字母,输出小写字母及与之对应的 ASCII 码。

参考代码:

```
#include <stdio.h>
void main()
{
 char ch1,ch2;
 ch1=getchar();
 ch2=ch1+32;
 putchar(ch1);
 printf(",%d\n",ch1);
 putchar(ch2);
 printf(",%d\n",ch2);
}
```

实验四　分支结构程序设计

1. 实验目的

(1)掌握 C 语言中逻辑真(非 0)与逻辑假(0)的表示方法;

(2)熟练掌握逻辑运算符与逻辑表达式的使用;

(3)理解并熟练掌握 if 语句与 switch 语句的使用;

(4)理解并熟练掌握 break 语句与 continue 语句的使用;

(5)结合程序掌握一些简单的算法;

(6)加深结构化程序设计中分支结构的理解。

2. 实验内容

(1)求符号函数的值,即当输入 x 时,根据 x 的取值情况,输出 y 的值。

$$y=\begin{cases}-1, & x<0\\ 0, & x=0\\ 1, & x>0\end{cases}$$

参考代码:

```
#include <stdio.h>
void main()
{
 int x, y;
 printf("Input a integer: ");
 scanf("%d", &x);
 if(x>0){y=1;printf("y=%d\n",y);}
  else  if(x ==0){y=0;printf("y=%d\n",y);}
```

```
        else{y=-1;printf("y=%d\n",y);}
}
```

(2)任意给定一个整数序偶<x,y>,判定该序偶所对应的点在笛卡尔平面坐标系中的位置。

参考代码:

```
#include <stdio.h>
void main()
{
 int x, y;
 printf("Input two integers: ");
 scanf("%d %d", &x,&y);
  if(x==0&&y==0)printf("origin! \n");
  else if (x==0)printf("y   ax\n");
       else if (y==0)printf("x ax\n");
            else if (x>0&&y>0)printf("first! \n");
                 else if (x<0&&y>0)printf("second! \n");
                      else if (x<0&&y<0)printf("third! \n");
                           else printf("forth! \n");
}
```

(3)给出一个百分制成绩,输出成绩等级:A、B、C、D、E。90 及 90 分以上为 A,80～89 分为 B,70～79 分为 C,60～69 分为 D,60 分以下为 E。要求分别用 if 语句和 switch 语句编程实现。运行程序,检查结果是否正确,并分析两种方法的优、缺点。

参考代码:

①使用 if 语句:

```
#include <stdio.h>
void main()
 {int score, grade;
 printf("Input a score(0~100): ");
 scanf("%d", &score);
 if(score>=90)printf("grade=A\n");
 else if(score>=80)printf("grade=B\n");
     else if(score>=70)printf("grade=C\n");
         else if(score>=60)printf("grade=D\n");
                 else printf("grade=E\n");
}
```

②使用 switch 语句:

```
#include <stdio.h>
main()
 {int score, grade;
  printf("Input a score(0~100): ");
```

```
    scanf("%d", &score);
    grade=score/10;  /*将成绩整除10,转化成switch语句中的case标号*/
    switch (grade)
    {case  10:
     case  9: printf("grade=A\n"); break;
     case  8: printf("grade=B\n"); break;
     case  7: printf("grade=C\n"); break;
     case  6: printf("grade=D\n"); break;
     case  5:
     case  4:
     case  3:
     case  2:
     case  1:
     case  0: printf("grade=E\n"); break;
    }
}
```

(4)再运行一次程序,输入分数为负值(如-70),观察程序的运行结果,很显然这是输入时出错,不应给出等级。修改程序,使之能正确处理任何数据,当输入数据大于100或小于0时,通知用户"输入数据出错"。

参考代码:

①使用if语句:

```
#include <stdio.h>
void main()
  {int score, grade;
   printf("Input a score(0~100): ");
   scanf("%d", &score);
   if((score>100)|| (score<0))printf("The score is out of range! \n");
   else if(score>=90)printf("grade=A\n");
        else if(score>=80)printf("grade=B\n");
             else if(score>=70)printf("grade=C\n");
                  else if(score>=60)printf("grade=D\n");
                       else printf("grade=E\n");
}
```

②使用switch语句:

```
#include <stdio.h>
main()
  {int score, grade;
   printf("Input a score(0~100): ");
   scanf("%d", &score);
```

```
    grade=score/10;    /*将成绩整除10,转化成switch语句中的case标号*/
    switch (grade)
     {case  10:
      case  9: printf("grade=A\n"); break;
      case  8: printf("grade=B\n"); break;
      case  7: printf("grade=C\n"); break;
      case  6: printf("grade=D\n"); break;
      case  5:
      case  4:
      case  3:
      case  2:
      case  1:
      case  0: printf("grade=E\n"); break;
      default: printf("The score is out of range! \n");
     }
}
```

(5)给出一个不多于5位的正整数,要求分别用if语句和switch语句编程实现功能:①求出它是几位数;②然后分别打印出每一位数字;③最后再按逆序分别打印出各位数字。例如,输入原数为321,应输出:3

3 2 1

1 2 3

应准备以下测试数据:

要处理的数为1位正整数;

要处理的数为2位正整数;

要处理的数为3位正整数;

要处理的数为4位正整数;

要处理的数为5位正整数。

除此之外,程序还应当对不合法的输入作必要的处理。例如,输入负数或输入的数超过5位等。

参考代码:

①使用if语句:

```
#include <stdio.h>
main()
  {long num;int a0=0,a1=0,a2=0,a3=0,a4=0;
   printf("Input a integer(0~99999): ");
   scanf("%ld", &num);
   if(num>=100000||num<0)printf("The number is out of range! \n");
    else if(num>=10000){a4=num/10000;
                        a3=(num-a4*10000)/1000;
                        a2=(num-a4*10000-a3*1000)/100;
```

```
                    a1=(num-a4*10000-a3*1000-a2*100)/10;
                    a0=num%10;
                    printf("5\n");
                 printf("%d %d %d %d %d\n",a4,a3,a2,a1,a0);
                 printf("%d %d %d %d %d\n", a0,a1,a2,a3,a4);
                 }
   else if(num>=1000){a3=num/1000;
                    a2=(num-a3*1000)/100;
                    a1=(num-a3*1000-a2*100)/10;
                    a0=num%10;
                    printf("4\n");
                    printf("%d %d %d %d\n",a3,a2,a1,a0);
                    printf("%d %d %d %d\n", a0,a1,a2,a3);
                   }
     else if(num>=100){a2=num/100;
                      a1=(num-a2*100)/10;
                      a0=num%10;
                      printf("3\n");
                      printf("%d %d %d\n",a2,a1,a0);
                      printf("%d %d %d\n", a0,a1,a2);
                     }
        else if(num>=10){a1=num/10;
                        a0=num%10;
                        printf("2\n");
                        printf("%d %d\n",a1,a0);
                        printf("%d %d\n", a0,a1);
                       }
           else {printf("1\n");
                printf("%d\n",num);
                printf("%d\n",num);
               }
}
```

②使用 switch 语句：

```
#include <stdio.h>
main()
  {long num;int a0=0,a1=0,a2=0,a3=0,a4=0;
   printf("Input a integer(0~99999): ");
   scanf("%ld", &num);
   if(num>=100000||num<0)printf("The number is out of range! \n");
```

```
    else a4=num/10000;
    switch(a4)
    {case  9:
     case  8:
     case  7:
     case  6:
     case  5:
     case  4:
     case  3:
     case  2:
     case  1:{a3=(num-a4*10000)/1000;a2=(num-a4*10000-a3*1000)/100;
              a1=(num-a4*10000-a3*1000-a2*100)/10; a0=num%10;printf("5\n");
              printf("%d %d %d %d %d\n",a4,a3,a2,a1,a0);
              printf("%d %d %d %d %d\n", a0,a1,a2,a3,a4);}break;
     case 0:{a3=num/1000;
            switch(a3)
            {case  9:
             case  8:
             case  7:
             case  6:
             case  5:
             case  4:
             case  3:
             case  2:
             case  1:{a2=(num-a3*1000)/100;a1=(num-a3*1000-a2*
                     100)/10;
                      a0=num%10;printf("4\n");
                      printf("%d %d %d %d\n",a3,a2,a1,a0);
                      printf("%d %d %d %d\n", a0,a1,a2,a3);}break;
             case  0:{a2=num/100;
                     switch(a2)
                      {case  9:
                       case  8:
                       case  7:
                       case  6:
                       case  5:
                       case  4:
                       case  3:
                       case  2:
```

```
                case  1:{a1=(num-a3*1000-a2*100)/10;a0=num%10;
                        printf("3\n");
                        printf("%d %d %d\n",a2,a1,a0);
                        printf("%d %d %d\n", a0,a1,a2);}break;
                        case   0:{a1=num/10;
                          switch(a1)
                           {case  9:
                            case  8:
                            case  7:
                            case  6:
                            case  5:
                            case  4:
                            case  3:
                            case  2:
                            case  1:{a0=num%10;
                                     printf("2\n");
                                     printf("%d %d\n",a1,a0);
                                     printf("%d %d\n", a0,a1);}break;
                            case  0:{printf("1\n");
                                     printf("%d\n",num);
                                     printf("%d\n", num);}break;
                            }}}}}}}}
```

(6)信函的重量不超过 100 g 时，每 20 g 付邮资 80 分，即信函的重量不超过 20 g 时，付邮资 40 分；信函的重量超过 20 g，不超过 40 g 时，付邮资 80 分；……，但如果重量超过 100 g，一律付邮资 200 分，分别用 if 语句和 switch 语句编程实现，当输入信函重量时，能输出应付的邮资。

参考代码：

①使用 if 语句：

```
#include <stdio.h>
void main()
{
int weight, fair,w;
printf("\n");
scanf("%d", &weight);
if(weight<=0)printf("data error! \n");
 else if(weight>100){fair=200;printf("fair=%d\n",fair);}
      else{fair=((weight-1)/20+1)*40;printf("fair=%d\n",fair);}
}
```

②使用 switch 语句：

```
#include <stdio.h>
```

```
main()
{
 int weight, fair,w;
 printf("\n");
 scanf("%d", &weight);
 if (weight<=0)printf("data error! \n");
   else{w =(weight-1)/100; /*将重量整除10,转化成switch语句中的case标号*/
         switch (w)
          {case 0:{fair=((weight-1)/20+1)*40;printf("fair=%d\n",fair);
           break;}
           default:{fair=200;printf("%d\n",fair);}
           }
        }
}
```

实验五 循环结构程序设计(一)

1. 实验目的

(1)掌握各种循环结构中循环条件的设置方法；

(2)熟练掌握while语句、do～while语句以及for语句实现循环的方法；

(3)结合程序掌握一些简单的算法；

(4)加深结构化程序设计中循环结构的理解。

2. 实验内容

(1)分别使用while语句、do～while语句以及for语句编写程序，求n!。

参考代码：

①使用while语句：

```
#include <stdio.h>
main()
  {
  int i,n;
  long fc;
  printf("Input a integer: ");
  scanf("%d", &n);
  if(n<=0)printf("error! \n");
  else{fc=1;i=1;
        while(i<=n)
          {fc=fc*i;
          i++;}
          printf("%d!=%d\n",n,fc);
```

```
        }
  }
```

②使用 do～while 语句：

```
#include <stdio.h>
main()
   {
     int i,n;
     long fc;
     printf("Input a integer：");
     scanf("%d", &n);
     if(n<=0)printf("error! \n");
        else{fc=1;i=1;
              do
               {fc=fc*i;
                i++;} while(i<=n);
              printf("%d! =%d\n",n,fc);
        }
}
```

③使用 for 语句：

```
#include <stdio.h>
main()
{
 int i,n;
 long fc;
 printf("Input a integer：");
 scanf("%d", &n);
 if(n<0)printf("error! \n");
  else{fc=1;
       for (i=2;i<=n;)
           {fc=fc*i;
           i++;}
  printf("%d! =%d\n",n,fc);
  }
}
```

(2)分别使用 while 语句、do～while 语句以及 for 语句编写程序，求 s=1+2+3+…+10。

参考代码：

①使用 while 语句：

```
#include <stdio.h>
main()
```

```
 {int i=1,s=0;
  while(i<=10)
     {s=s+i;
      i++;}
 printf("s=%d\n",s);
 }
```

②使用 do~while 语句：

```
#include <stdio.h>
main()
 {int i=1,s=0;
  do
  {s=s+i;
   i++;} while(i<=10);
  printf("s=%d\n",s);
 }
```

③使用 for 语句：

```
#include <stdio.h>
main()
 {int i=1,s=0;
  for (;i<=10;)
     {s=s+i;
      i++;}
 printf("s=%d\n",s);
 }
```

(3)如果每年按照年利率 i(如 2%)投资 s(如 50000)元，在第 n(如 10)年后连本带利得到的总钱数 t，$t=s*(1+i)^n$。

参考代码：

①使用 while 语句：

```
#include <stdio.h>
main()
{
  float i, s, t;
  int n,j=0;
  printf("Input a integer(years): ");
  scanf("%d", &n);
  printf("Input interest rate : ");
  scanf("%f", &i);
  printf("Input invest amount: ");
  scanf("%f", &s);
```

```
    t=s;
    while(j<n)
      {t=(1+i/100) * t;
       j++;}
    printf("the total amount is %f\n",t);
}
```

②使用 do~while 语句：

```
#include <stdio.h>
main()
{   float i, s, t;
    int n,j=0;
    printf("Input a integer(years): ");
    scanf("%d", &n);
    printf("Input interest rate : ");
    scanf("%f", &i);
    printf("Input invest amount: ");
    scanf("%f", &s);
    t=s;
    do
      {t=(1+i/100) * t;
       j++;}while(j<n);
    printf("the total amount is %f\n",t);
}
```

③使用 for 语句：

```
#include <stdio.h>
main()
{   float i, s, t;
    int n,j;
    printf("Input a integer(years): ");
    scanf("%d", &n);
    printf("Input interest rate : ");
    scanf("%f", &i);
    printf("Input invest amount: ");
    scanf("%f", &s);
    t=s;
    for(j=0;j<n;j++)
        t=(1+i/100) * t;
    printf("the total amount is %f\n",t);
}
```

(4)分别使用 while 语句、do～while 语句以及 for 语句编写程序，打印输出 n 行钻石图案。

参考代码：

①使用 while 语句：

```
#define N 7
#include <stdio.h>
main()
{   int i=0,j,k;
    while(i<(N/2+1))
        {j=0;
         while(j<(N/2-i))
         {printf(" ");j++;}
         k=0;
         while(k<(2*i+1))
         {printf("%c",'*');k++;}
         printf("\n");
         i++;}
    i=0;
    while(i<(N/2))
        {j=0;
         while(j<i+1)
         {printf(" ");j++;}
         k=0;
         while(k<(N-2*(i+1)))
         {printf("%c",'*');k++;}
         printf("\n");
         i++;}
}
```

②使用 do～while 语句：

```
#define N 7
#include <stdio.h>
main()
{   int i,j,k;
    i=0;
    do
      {   j=0;
          do
          {printf(" ");j++;} while(j<=(N/2-i));
          k=0;
          do
```

```
        {printf("%c",'*');k++;} while(k<(2*i+1));
        printf("\n");
        i++;}while(i<(N/2+1));
    i =0;
     do
       {j=0;
       do
       {printf(" ");j++;} while(j<=i+1);
       k=0;
       do
       {printf("%c",'*');k++;} while(k<(N-2*(i+1)));
       printf("\n");
       i++;} while(i<(N/2));
}
```

③使用 for 语句：

```
#define N 7
#include <stdio.h>
main()
{   int i,j,k;
    for(i=0;i<(N/2+1);i++)
       {j=0;
       for(;j<(N/2-i);)
       {printf(" ");j++;}
       k=0;
       for(;k<(2*i+1);k++)
       {printf("%c",'*');}
       printf("\n");
       }
    i=0;
    for(;i<(N/2);i++)
       {j=0;
       for(;j<i+1;)
       {printf(" ");j++;}
       k=0;
       for(;k<(N-2*(i+1));k++)
       {printf("%c",'*');}
       printf("\n");
       }
}
```

(5)猴子吃桃子问题。猴子第一天摘下若干个桃子，当即吃了一半，还不过瘾，又多吃了一个。第二天早上又将剩下的桃子吃掉一半，又多吃了一个。以后每天早上都吃掉昨天的一半零一个。到第10天早上一看，只剩下一个桃子了。求第一天共摘下多少个桃子。

参考代码：

```
#include <stdio.h>
#define N 10
main()
{
 int prev;
 int next=1;
 int i;
 for(i=N-1;i>=1;i--)
     {
       prev=(next+1)*2;
       next=prev;
       }
   printf("total=%d\n",prev);
}
```

实验六　循环结构程序设计(二)

1. 实验目的

(1)掌握各种结构相互嵌套的程序设计方法；

(2)能够合理使用多重循环解决实际问题。

2. 实验内容

(1)打印输出九九乘法表。

参考代码：

```
#include <stdio.h>
main()
{   int i,j;
    printf("            九九乘法表\n");
    for(i=1;i<=9;i++)
                  {for(j=1;j<=i;j++)
                         printf("%d*%d=%-4d",j,i,i*j);
                   printf("\n");
                   }
}
```

(2)对文本的加密与解密。输入一组文本信息及任意一个密值，对该文本加密，输出密文；重新输入密值后，输出解密后的原文。

程序设计提示：异或运算的一个特点是任意一个数与某个指定的数做两次异或操作，运算结果仍为原数。将原文与密值通过异或运算得到密文，将密文再与密值作异或运算得到原文。

参考代码：

```
#include <stdio.h>
#include <stdlib.h>
#include <time.h>
void main()
{char s[81],ans;
 int m1, m2, i;
 printf("输入原文:\n");
 gets(s);
 printf("原文:%s\n",s);
 printf("输入一个整数密值(1~255):\n");
 scanf("%d",&m1);
 for(i=0;s[i]!='\0';i++)//加密
 s[i]^=m1;
 printf("密文:%s\n",s);
 printf("是否解密 y/n:\n");
 scanf("%*c%c",&ans);
 if(ans=='y')
 {printf("输入原密值:\n");
 scanf("%d",&m2);
 for(i=0;s[i]!='\0';i++)// 解密
 s[i]^=m2;
 if (m1==m2)printf("解密原文:%s\n",s);
 else
   {printf("密值不对,解密文非原文!! \n");
    printf("解密文:%s\n",s);
   }
 }
}
```

(3)用"辗转相除法"对输入的两个正整数 m 和 n 求最大公约数和最小公倍数。

参考代码：

```
#include <stdio.h>
int main()
{int m, n;
 int m_cup, n_cup, res;
 printf("Enter two integer:\n");
 scanf("%d %d", &m, &n);
```

```
if (m > 0 && n >0)
  {m_cup=m;
   n_cup=n;
   res=m_cup % n_cup;
   while (res != 0)
     {m_cup=n_cup;
      n_cup=res;
      res=m_cup % n_cup;
     }
   printf("Greatest common divisor: %d\n", n_cup);
   printf("Lease common multiple : %d\n", m * n/n_cup);
  }
else printf("Error! \n");
return 0;
}
```

(4)求 Sn=a+aa+aaa+…+aa…a (n 个 a)之值，其中 a 代表 1 到 9 中的一个数字。例如，a 代表 2，则求 2+22+222+2222+22222(此时 n=5)，a 和 n 由键盘输入。

参考代码：

```
#include <stdio.h>
int main()
{
   int n;
   long total,temp;
   int a,i,k;
   printf("please input n:");
   scanf("%d",&n);
   printf("please input a:");
   scanf("%d",&a);
     total=0,temp=0;
     for(i=0;i<n;i++)
          {           temp=a;
                      for(k=0;k<i;k++)
                      {temp=temp * 10+a;
                      }
                      total+=temp;
          }
          printf("result:%d\n",total);
}
```

(5)从键盘输入一个正整数 n，计算该数的各位数之和并输出。例如，输入数是 5246，则计算：5+2+4+6=17 并输出。

参考代码：

```
#include "stdio.h"
#include "math.h"
void main()
{long int a,b,i,n=0;
int sum=0;
printf("Input the number:");
scanf("%ld",&a);
for (i=0;i<6;i++)
   {if(a/pow(10,i)>=1)
     {n++;
     }
   }
for (i=n-1;i>=0;i--)
   {b=a/pow(10,i);
     a=a-b*pow(10,i);
     sum+=b;
   }
printf("%d\n",sum);
}
```

实验七 数组(一)

1. 实验目的

(1)熟练掌握数组的定义、赋值和输入输出方法；

(2)熟练掌握使用一维数组设计程序解决实际问题的方法；

(3)熟练掌握与一维数组有关的排序和查找算法。

2. 实验内容

(1)从 2 依次向上，求公差为 7 的等差数列前 20 个数。

参考代码：

```
#include <stdio.h>
void main()
{
    int i;
    int a[20]={2};
    for(i =1;i<20;i++)
         a[i]=a[i-1]+7;
    for(i=0;i<20;i++)
```

```
    {
        if(i%5==0)
        printf("\n");
        printf("%8d",a[i]);
    }
}
```

(2)设数组 a 有 10 个元素，求 a 中各相邻两个元素的和，将这些和存放在 b 数组中，按每行 3 个元素的形式输出，即 b[1]=a[1]+a[0]，…，b[i]=a[i]+a[i-1]，…，b[9]=a[9]+a[8]。

参考代码：

```
#include <stdio.h>
main()
{
    int a[10], b[10],i;
    printf("Input 10 numbers: ");
    for(i=0;i<10;i++)
        scanf("%d",&a[i]);
    for(i=1;i<10;i++)
        b[i]=a[i]+a[i-1];
    printf("Array b is:\n");
    for(i=1;i<10;i++)
    {
        printf("%3d",b[i]);
        if(i %3==0)
            printf("\n");
    }
}
```

(3)求 Fibonacci 数列的前 20 项，该数列的特点是：第 1，2 两项都为 1，从第 3 项开始，都是其前面最近两项之和。

参考代码：

```
#include <stdio.h>
void main()
{
    int i,f[20]={1,1};
    for(i =2;i<=19;i++)
        f[i]=f[i-2]+f[i-1];
    for(i=0;i<=19;i++)
    {
        if(i %5==0)
            printf("\n");
```

```
        printf("%12d",f[i]);
    }
}
```

(4)将一个数组中的值按逆序重新存放。例如,原来顺序为8,6,5,4,1。要求改为1,4,5,6,8。

参考代码:

```
#include <stdio.h>
#define N 5
int main()
{
    int i, t, a[N];
    printf("enter array a:\n");
    for(i=0;i<N;i++)
        scanf("%d",&a[i]);
    printf("array a:\n");
    for(i=0;i<N;i++)
        printf("%4d",a[i]);
    for(i=0;i<N/2;i++)                    //循环的作用是将对称的元素的值互换
    {
        t=a[i];
        a[i]=a[N-i-1];
        a[N-i-1]=t;
    }
    printf("\nThe new array is:\n");
    for(i=0;i<N;i++)
        printf("%4d",a[i]);
    printf("\n");
    return 0;
}
```

(5)用选择法对10个整数排序。

参考代码:

```
#include <stdio.h>
int main()
{
    int i,j,min,temp,a[11];
    printf("enter data:\n");
    for(i=1;i<=10;i++)
    {
        printf("a[%d]=",i);
        scanf("%d",&a[i]);                //输入10个数
```

```
    }
    printf("\n");
    printf("The orginal numbers:\n");
    for(i =1;i<=10;i++)
        printf("%5d",a[i]);                  //输出这 10 个数
    printf("\n");
    for(i=1;i<=9;i++)                        //以下 8 行是对 10 个数排序
    {
        min=i;
        for(j=i+1;j<=10;j++)
            if(a[min]>a[j])min=j;
        temp=a[i];               //以下 3 行将 a[i+1]~a[10]中最小值与 a[i]对换
        a[i]=a[min];
        a[min]=temp;
    }
    printf("\nThe sorted numbers:\n");          //输出已排好序的 10 个数
    for(i=1;i<=10;i++)
       printf("%5d",a[i]);
    printf("\n");
    return 0;
}
```

实验八　数组(二)

1. 实验目的

(1)熟练掌握使用二维数组设计程序解决实际问题的方法；

(2)熟练掌握使用字符数组设计程序解决实际问题的方法；

(3)理解并熟练掌握字符串函数的使用。

2. 实验内容

(1)编写程序，把矩阵行列元素互换，就可以得到它的转置矩阵。

参考代码：

```
#include <stdio.h>
main()
{
    int i,j;
    int x[3][4]={{1,3,6,9},{0,2,5,8},{6,2,3,7}},y[4][3];
    printf("The original martrix:\n");
    for(i=0;i<3;i++)
    {
```

```
        for(j=0;j<4;j++)
        {
            printf("%3d",x[i][j]);
            y[j][i]=x[i][j];
        }
        printf("\n");
    }
    printf("The revert martrix:\n");
    for(i=0;i<4;i++)
    {
        for(j =0;j<3;j++)
              printf("%3d",y[i][j]);
        printf("\n");
    }
}
```

(2)将一个已有的二维数组中的每个元素向上移一行，第一行的元素移到最后一行，移后的数组存放到一个新的数组中。

参考代码：

```
#include <stdio.h>
main()
{
    int i,j,a[3][5],b[3][5];
    printf("Please input the array a:\n");
    for(i=0;i<3;i++)                              /* 输入 a 数组 */
    {
        for(j=0;j<5;j++)
        scanf("%d",&a[i][j]);
        printf("\n");                             /* 注意:应每输入五个元素换一行 */
    }
    for(i =0;i<=1;i++)
        for(j=0;j<=4;j++)
            b[i][j]=a[i+1][j];
    for(j =0;j<=4;j++)
        b[2][j]=a[0][j];
    printf("Array b is:\n");
    for(i=0;i<=2;i++)
    {
        for(j=0;j<=4;j++)
            printf("%5d",b[i][j]);
```

```
        printf("\n");
    }
}
```

请读者思考：如果将二维数组的每个元素向右移一列，最后一列换到最左一列，程序应怎样修改。

(3)求矩阵 a,b（即二维数组）的和，结果存入矩阵 c 中，再将矩阵 c 输出。

参考代码：

```
#include <stdio.h>
main()
{
 int a[3][4]={{5,2,-1,3},{6,8,3,11},{0,2,7,9}};
 int b[3][4]={{-1,6,-2,5},{3,0,5,-7},{4,6,1,0}};
 int i, j, c[3][4];
 printf("Array a is:\n");
 for(i=0;i<=2;i++)
     {
       for(j=0;j<=3;j++)
       printf("%-3d",a[i][j]);
       printf("\n");
     }
 printf("Array b is:\n");
 for(i=0;i<=2;i++)
       {
          for(j=0;j<=3;j++)
          printf("%-3d",b[i][j]);
          printf("\n");
       }
 for(i=0;i<=2;i++)
           for(j=0;j<=3;j++)
                   c[i][j]=a[i][j]+b[i][j];
 printf("Array c is:\n");
 for(i=0;i<=2;i++)
     {
       for(j=0;j<=3;j++)
       printf("%-3d", c[i][j]);
       printf("\n");
       }
}
```

(4)键盘输入 a,b 两个字符串，在 a 串中查找与 b 串第一个字符相同的字符，如果找到，则将 a 串中从匹配字符位置开始之后的串替换为 b 串，如果没有找到匹配字符，就把 b 串连在 a 串的后边。

参考代码：

```
#include <string.h>
#include <stdio.h>
main()
{
    char a[80], b[20];
    int i;
    gets(a);
    gets(b);
    for(i=0;a[i]!='\0';i++)
    {
        if(a[i]==b[0])
        {
            a[i]='\0';
            strcat(a,b);
            break;
        }
    }
    if(a [i]=='\0')
        strcat(a,b);
    puts(a);
}
```

(5)找出一个二维数组中的鞍点，即该位置上的元素在该行上最大、在该列上最小。也可能没有鞍点。

一个二维数组最多有一个鞍点，也可能没有。解题思路是：先找出一行中值最大的元素，然后检查它是否为该列中的最小值，如果是，则是鞍点（不需要再找别的鞍点了），输出该鞍点；如果不是，则再找下一行的最大数……如果每一行的最大数都不是鞍点，则此数组无鞍点。

参考代码：

```
#include <stdio.h>
#define N 4
#define M 5                                    //数组为 4 行 5 列
int main()
{
    int i,j,k,a[N][M],max,maxj,flag;
    printf("please input matrix:\n");
    for(i=0;i<N;i++)                           //输入数组
        for(j=0;j<M;j++)
```

```
        scanf("%d",&a[i][j]);
    for(i=0;i<N;i++)
    {
      max=a[i][0];                        //开始时假设 a[i][0]最大
      maxj=0;                             //将列号 0 赋给 maxj 保存
      for(j=0;j<M;j++)                    //找出第 i 行中的最大数
         if(a[i][j]>max)
         {
            max=a[i][j];                  //将本行的最大数存放在 max 中
            maxj=j;                       //将最大数所在的列号存放在 maxj 中
         }
      flag=1;                             //先假设是鞍点,以 flag 为 1 代表
      for(k=0;k<N;k++)
         if(max>a[k][maxj])               //将最大数和其同列元素相比
         {
            flag=0;     //如果 max 不是同列最小,表示不是鞍点,令 flag 为 0
            continue;
         }
      if(flag)                            //如果 flag 为 1 表示是鞍点
      {
         printf("a[%d][%d]=%d\n",i,maxj,max); //输出鞍点的值和所在行列号
         break;
      }
    }
      if(! flag)                          //如果 flag 为 0 表示鞍点不存在
          printf("It is not exist! \n");
      return 0;
}
```

(6)对输入的一行电文进行译码,译码的规则是:

A→E　B→F　C→G …V→A　X→B　Y→C　Z→D

a→e　b→f　c→g …v→a　x→b　y→c　z→d

即把每个字母变成它之后的第四个字母输出,最后四个字母依次转换成相应 26 个字母的前四个字母,其他字母不变。

参考代码:

```
#include <stdio.h>
main()
{
   char str[80];
   int i;
```

```
    gets(str);
    for(i=0;str[i]!='\0';i++)
    {
      if((str[i]>='a'&& str[i]<='v')|| (str[i]>='A'&& str[i]<='V'))
          str[i]+=4;
      else if((str[i]>='w'&& str[i]<='z')|| (str[i]>='W'&& str[i]<='Z'))
          str[i]=str[i]-26+4;
      printf("%c",str[i]);
    }
}
```

实验九 函数(一)

1. 实验目的

(1)掌握有参函数、无参函数、有返回值函数和无返回值函数的定义及调用方法；

(2)理解函数的返回值的概念，熟练掌握函数实参与形参的对应关系以及它们之间“值传递”的方式；

(3)理解C语言中使用函数实现程序模块化设计的思想。

2. 实验内容

(1)运行以下程序，并观察结果。

①参考代码：

```
#include <stdio.h>
printstr()
{printf("***********\n");
}
main()
{int x;
x=printstr();
printf("%d",x);
}
```

②更改程序，将printstr()函数定义的首部改为：

```
void printstr()
```

再调试程序，观察调试信息。

③将参考代码改为：

```
printstr(int x)
{float y;
y=x*2.2;
return y;
}
```

```
main()
{int x=2;
x=printstr(x);
printf("%d",x);
}
```

请读者思考：输出结果为什么不是 4.4 而是 4。

(2)把输入的整数(最多 5 位数)按输入顺序的反方向输出，编程完成 fun 函数所需的功能。

```
#include <stdio.h>
void fun(int n)
{
 int y;
 /*请补充完整*/
}
main()
{
int x;
printf("\n input one number :");
scanf("%d",&x);
fun(x);
}
```

分析：此题可用求余的方法依次输出个、十、百、千等位上的数。

参考代码：

```
void fun(int n)
{
int y;
while(n)
   {y=n%10;
    printf("%d",y);
    n=(n-y)/10;
   }
}
```

(3)程序改错：下面程序中 fun 的功能是判断整数 x 能否同时被 3 和 5 整除，若能则打印 Y，否则打印 N。改正程序中的错误并上机运行。

参考代码：

```
#include <stdio.h>
void fun (int x)
{int flag;
if(x%3==0&&x%5==0)
```

```
flag=1;
    else
    flag=-1;
return flag;
}
main()
{
    int m;
    printf("\n Please input a number :");
    scanf("%d",&m);
    if(fun(m)==1)
        printf("Y");
    else
       printf("N");
}
```

(4)分析以下程序的功能,并上机验证。设输入的 n 值为-36,程序的输出是什么?

参考代码:

```
#include <math.h>
#include <stdio.h>
void myfun(int n)
{
 int k, r;
 for(k=2;k<=sqrt(n);k++)
  {r=n%k;
   while(r==0)
   {printf("%d",k);
    n=n/k;
    if(n>1)printf("*");
    r=n%k;
   }
  }
 if(n !=1)printf("%d\n",n);
}
main()
{
 int n;
 scanf("%d",&n);
 printf("%d=",n);
 if(n<0)printf("-");
```

```
 n=fabs(n);
 myfun(n);
}
```

实验十　函数(二)

1. 实验目的

(1)掌握C语言中函数的嵌套调用；

(2)掌握C语言中函数的递归调用；

(3)理解并熟练掌握数组名作函数参数的传递方式——“址传递”；

(4)理解并掌握全局变量和局部变量的存储方式、作用域和生存周期等概念。

2. 实验内容

(1)分析以下程序中函数的调用过程和程序的输出结果，并上机验证。

参考代码：

```
#include <stdio.h>
int myfun2(int a,int b)
{int c;
 c=a*b%3;
 return c;
 }
int myfun1(int a,int b)
{int c;
 a+=a;b+=b;
 c=myfun2(a,b);
 return c*c;
 }
main()
{int x=5,y=12;
 printf("The result is :%d\n",myfun1(x,y));
}
```

函数myfun1中，执行a+=a;b+=b;语句后a、b的值为多少？函数myfun2中，执行c=a*b%3;语句后c的值为多少？

(2)用递归的方法求x^n，x和n由键盘输入。

参考代码：

```
#include <stdio.h>
long pow(int x,int n)
{if (n==1)
   return(long)x;
return x*pow(x,n-1);
```

```
}
main()
{int x,n;
 printf("x="); scanf("%d",&x);
 printf("n="); scanf("%d",&n);
 printf("The result is :%ld.\n",pow(x,n));
 }
```

(3)上机运行以下程序,分析程序的功能和结果。分析每一次函数调用,a的值分别是多少?

参考代码:

```
#include <stdio.h>
int sub(int n)
{
    int a;
    if(n==1)return 1;
    a=n+sub(n-1);
    return (a);
}
main()
{int i=5;
 printf("%d\n",sub(i));
}
```

(4)写一函数,将数组a中的元素逆序输出。数组a的各元素为下标的2倍。

参考代码:

```
#include <stdio.h>
#define N 10
void fun(int b[],int n)
{
    int i,temp;
    for(i=0;i<n/2;i++)
     {
     temp=b[i];
     b[i]=b[n-i-1];
     b[n-i-1]=temp;
    }
}
main()
{int a[N],i;
for(i=0;i<N;i++)
  a[i]=2*i;
```

```
for(i=0;i<N;i++)
  printf("%d ",a[i]);
printf("\n");
fun(a,N);
for(i=0;i<N;i++)
  printf("%d ",a[i]);
printf("\n");
}
```

(5)全局变量的使用。

①参考代码：

```
#include <stdio.h>
int x=10;
fac()
{x=3;
 return x;
}
main()
{int a=5, b=2;
 b=fac();
 printf("x=%d,b=%d\n",x,b);
}
```

请读者思考：输出结果为什么是"x=3,b=3",而不是"x=10,b=3"?

②将以上 main 函数的代码改为：

```
main()
{int a=5, b=2;
 b=fac();
 x=a;
 printf("x=%d,b=%d\n",x,b);
}
```

请读者思考：输出结果为什么是"x=5,b=3",而不是"x=3,b=3"?

实验十一　函数(三)

1. 实验目的

(1)掌握通过函数来编写较复杂的应用程序；

(2)深入理解和掌握模块化程序设计的思想和方法。

2. 实验内容

(1)请用牛顿迭代法求方程 $f(x)=x^3-2x^2+10x-23=0$ 的根：

如图所示：

牛顿迭代法的基本思想是:任取两个点 x_1,x_2,分别求 $f(x_1)$ 和 $f(x_2)$ 的值,如果 $f(x_1)$ 和 $f(x_2)$ 符号正负相反,则根 x 必在(x_1,x_2)区间内,连接(x_1,$f(x_1)$)和(x_2,$f(x_2)$),与 x 轴交于 x,求出 f(x)。若 f(x)与 $f(x_1)$ 同号,则让 x 代替 x_1,若 f(x)与 $f(x_2)$ 同号,则让 x 代替 x_2。再一次连接(x_1,$f(x_1)$)和(x_2,$f(x_2)$),求新的 x,再求 f(x),直到 f(x)小于 10^{-4} 为止,此时认为 f(x)趋近于 0,即为方程的根。

参考代码:

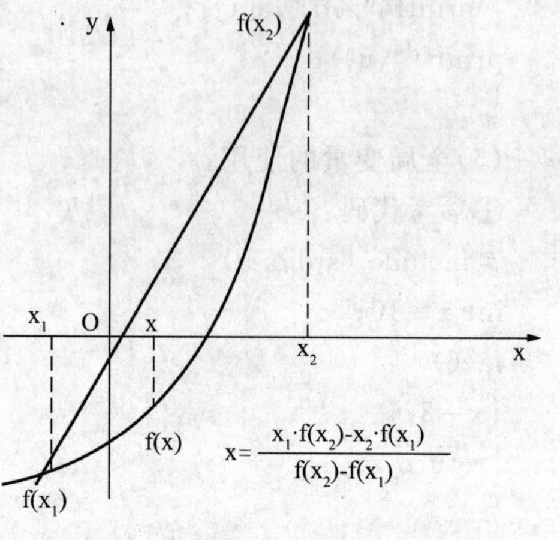


```
#include <stdio.h>
#include <math.h>
float f(float x)
{float y;
 y=((x-2.0)*x+10.0)*x-23.0;
 return y;
}
float xpoint(float x1, float x2)
{float y;
 y=(x1*f(x2)-x2*f(x1))/(f(x2)-
 f(x1));
 return y;
}
float root(float x1, float x2)
{float x, y, y1;
 y1=f(x1);
 do
  {x=xpoint(x1,x2);
   y=f(x);
   if(y*y1>1.0e-004)x1=x;
     else x2=x;
   }while(fabs(y)>=1.0e-004);
return x;
}
main()
{
 float x1, x2, x;
 do
  {printf("Input two num:\n");
  scanf("%f,%f",&x1,&x2);
  } while(f(x1)*f(x2)>1.0E-4);
x=root(x1, x2);
printf("A root of equation is %8.4f\n",x);
```

```
}
```

(2)编程实现小学生加法考试题。

①通过输入两个加数给学生出一道加法运算题,如果输入答案正确,则显示"Right!",否则显示"Incorrect! Try again!",直到做对为止。

函数功能:计算两整型数之和,如果与键盘输入的答案相同,则返回1,否则返回0。

参考代码:

```
#include <math.h>
#include <conio.h>
#include <stdio.h>
#include <stdlib.h>
int AddTest(int a, int b)
{
    int answer;
    printf("%d+%d=", a, b);
    scanf("%d", &answer);
    if (a+b==answer)
      return 1;
       else
      return 0;
}
void Print(int flag)
{
    if (flag)
      printf("Right! \n");
      else
      printf("Incorrect! Try again! \n");
}
main()
{
    int a, b, answer;
    printf("Input a,b:");
    scanf("%d,%d", &a, &b);
do{
    answer=AddTest(a, b);
    Print(answer);
    }while (answer==0);
}
```

②最多给三次机会,如果三次仍未做对,则显示"Sorry! You have tried three times! Test over!"程序结束,①中程序的main函数应该怎么改?

参考代码：

```
main()
{int chance=0,answer,a,b;
 printf("Input a,b:");
 scanf("%d,%d",&a,&b);
 do{
     answer=AddTest(a, b);
     Print(answer, chance);
     chance++;
     }while (answer==0 && chance < 3);
 printf("Sorry! You have tried three times! Test over!");
}
```

③连续做10道题，通过计算机随机产生两个1～10的加数给学生出10道加法运算题，如果输入答案正确，则显示“Right!”，否则显示“Incorrect!”，不给机会重做，10道题做完后，按每题10分统计总得分，然后打印出总分和做错的题目数量。

参考代码：

```
main()
{
   int answer,a,b,i;
   int error=0;
   int score=0;
   for (i=0; i<10; i++)
     {
        a=rand()%10+1;
        b=rand()%10+1;
        answer=AddTest(a, b);
        Print(answer);
        if (answer==1)
              score=score+10;
          else
              error++;
     }
   printf("score=%d,%d errors ",score,error);
}
```

实验十二 指针(一)

1. 实验目的

(1)理解指针的概念，掌握指针变量的定义和使用方法；

(2)掌握函数参数中使用指针的方法；

(3)掌握使用指针处理数组的方法。

2. 实验内容

(1)输入两个整数，通过指针变量输出它们的值。

参考代码：

```
#include <stdio.h>
void main()
{   int a,b;
    int *pointer_1, *pointer_2;
    scanf("%d%d",&a,&b);
    pointer_1=&a;
    pointer_2=&b;
    printf("%d,%d\n",a,b);
    printf("%d,%d\n", *pointer_1, *pointer_2);
}
```

(2)输入三个整数，不利用指针变量将其按由小到大的顺序输出。

参考代码：

```
#include <stdio.h>
void main()
{int n1,n2,n3;
 int x;
 scanf("%d%d%d",&n1,&n2,&n3);
 if(n 1>n2)
     {x=n1;n1=n2;n2=x;}
 if(n 1>n3)
     {x=n1;n1=n3;n3=x;}
 if(n2>n3)
    {x=n2;n2=n3;n3=x;}
 printf("%d,%d,%d\n",n1,n2,n3);
}
```

(3)利用指针变量将上题程序中 3 个整数按由小到大的顺序输出。

参考代码：

```
#include <stdio.h>
void swap2( int *p1,int *p2)
{int p;
 p= *p1;
 *p1= *p2;
 *p2=p;
}
```

```
void main()
{int n1, n2, n3;
 int *p1, *p2, *p3;
 printf("Input three integers n1,n2,n3: ");
 scanf("%d%d%d", &n1,&n2,&n3);
 p1=&n1;
 p2=&n2;
 p3=&n3;
 if(n1>n2)
    swap2(p1,p2);
 if(n1>n3)
    swap2(p1,p3);
 if(n2>n3)
    swap2(p2,p3);
 printf("Now, the order is:%d,%d,%d\n",n1,n2,n3);
}
```

(4)将上题程序改为:输入 3 个字符串,按由小到大顺序输出。

参考代码:

```
#include <stdio.h>
#include <string.h>
void swap3(char *p1,char *p2)
{char p[20];
 strcpy(p,p1);
 strcpy(p1,p2);
 strcpy(p2,p);
}
void main()
{char str1[20],str2[20],str3[20];
 printf("Input three string:\n");
 gets(str1);
 gets(str2);
 gets(str3);
 if(strcmp(str1,str2)>0)
    swap3(str1,str2);
 if(strcmp(str1,str3)>0)
    swap3(str1,str3);
 if(strcmp(str2,str3)>0)
    swap3( str2,str3);
 printf("Now, the order is:\n");
```

```
 printf ("%s\n%s\n%s\n",str1,str2,str3);
}
```

(5)利用形参是数组名，将数组 a 中的 10 个整数按相反顺序存放。

参考代码：

```
#include <stdio.h>
void inv(int x[],int n)                        /* 形参 x 是数组名 */
{int temp,i,j,m=(n-1)/2;                       /* 折半法 */
 for (i=0;i<=m;i++)
     {j=n-1-i;
      temp=x[i];
      x[i]=x[j];
      x[j]=temp;
     }
}
void main()
{int i,a[10]={3,7,9,11,0,6,7,5,4,2};
printf("The original array:\n");
for(i=0;i<10;i++)
        printf("%d,",a[i]);
printf("\n");
inv(a,10);
printf("The array has been inverted:\n");
for(i=0;i<10;i++)
        printf("%d,",a[i]);
printf("\n");
}
```

(6)利用形参是指针变量，将上题数组 a 中的 10 个整数按相反顺序存放。

参考代码：

```
#include <stdio.h>
void inv(int *x,int n)                         /* 形参 x 为指针变量 */
{int *p,temp,*i,*j,m=(n-1)/2;
 i=x;
 j=x+n-1;
 p=x+m;
 for (;i<=p;i++,j--)
     {temp=*i;
      *i=*j;
      *j=temp;
     }
```

```
}
void main()
{int i,a[10]={3,7,9,11,0,6,7,5,4,2};
printf("The original array:\n");
for(i =0;i<10;i++)
      printf("%d,",a[i]);
printf("\n");
inv(a,10);
printf("The array has been inverted:\n");
for(i =0;i<10;i++)
      printf("%d,",a[i]);
printf("\n");
}
```

(7)找出以下程序中的错误。

```
#include <stdio.h>
void main()
{int *p,i,a[10];
 p=a;
 for(i =0;i<10;i++)
        *p++=i;
 for(i =0;i<10;i++)
        printf("a[%d]=%d\n",i,*p++);
}
```

参考答案:

```
#include <stdio.h>
void main()
{int *p,i,a[10];
 p=a;              /*p指向a数组的第一个元素的地址*/
 for(i =0;i<10;i++)
       *p++=i;     /*p作为指示a数组的下一个元素的地址,并对这个元素值初始化*/
 p=a;              /*p再次指向a数组的第一个元素的地址*/
 for(i =0;i<10;i++)
       printf("a[%d]=%d\n",i,*p++);
}
```

(8)将一个3×3的矩阵转置,用函数实现之。在主函数中用scanf函数输入以下矩阵元素:

```
1     3     5
7     9     11
13    15    19
```

将数组名作为函数实参,在执行函数的过程中实现矩阵转置,函数调用结束后在主函数中输出已转置的矩阵。

参考代码：

```
#include <stdio.h>
void move(int * pointer)
{int i,j,t;
 for(i=0;i<3;i++)
   for(j=i;j<3;j++)
      {t= *(pointer+3*i+j);
       *(pointer+3*i+j)= *(pointer+3*j+i);
        *(pointer+3* j+i)=t;
      }
}
void main()
{int a[3][3], * p,i;
 printf("Input matrix:\n");
 for(i=0;i<3;i++)
      scanf("%d%d%d",&a[i][0],&a[i][1],&a[i][2]);
 p=&a[0][0];
 move(p);
 printf("Now,matrix:\n");
 for(i=0;i<3;i++)
      printf ("%d %d %d\n" , a[i][0], a[i][1],a[i][2]);
}
```

实验十三　指针(二)

1. 实验目的

(1)进一步掌握使用指针处理数组的方法，更进一步理解指针数组、数组指针的区别；

(2)掌握使用指针处理字符串的方法；

(3)掌握函数指针、指针函数的概念及使用方法。

2. 实验内容

(1)编写函数fun，函数的功能是：从字符串中删除指定的字符。同一字符的大、小写按不同字符处理。

参考代码：

①解法1：

```
#include <stdio.h>
#include <conio.h>
void fun(char s[],int c)                    /* 删除串s中的ASCII码值为c的字符 */
{int i=0; char * p;
```

```
  p=s;                              /* 指针p指向起始字符 */
  while(*p)                         /* 当串未结束时 */
     {if(*p!=c)                     /* 如不是要删除的字符 */
             {s[i]=*p;              /* 保留到数组中 */
              i++;
             }                      /* 修改下一个被保留字符在数组中的下标 */
      p++;                          /* 继续判断原串中的下一个字符 */
     }
  s[i]='\0';                        /* 被保留字符的末尾加结束标志,以便输出 */
}
void main()
{   static char str[]="turboc and borlandc++";    /* 字符数组初始化 */
    char ch;
    printf("the old string:%s\n",str);            /* 输出原字符串 */
    printf("Enter a char:");
    scanf("%c",&ch);                               /* 输入要删除的字符 */
    fun(str,ch);                                   /* 调用函数修改字符串 */
    printf("the new string:%s\n",str);             /* 输出新串 */
}
```

②解法2:

```
#include <stdio.h>
#include <conio.h>
void fun(char s[],int c)              /* 删除串s中的ASCII码值为c的字符 */
{int i,j;
 for(i=j=0; *(s+i);i++)
  if(s[i]!=c)
    s[j++]=s[i];
  s[j]='\0';
}
void main()
{   static char str[]="turboc and borlandc++";    /* 字符数组初始化 */
    char ch;
    printf("the old string:%s\n",str);            /* 输出原字符串 */
    printf("Enter a char:");
    scanf("%c",&ch);                               /* 输入要删除的字符 */
    fun(str,ch);                                   /* 调用函数修改字符串 */
    printf("the new string:%s\n",str);             /* 输出新串 */
}
```

(2)编写函数fun,将s所指向字符串的正序和反序进行连接,形成一新串放在t数组中。

参考代码：

```
#include <stdio.h>
#include <string.h>
void fun(char *s,char *t)
{int i,d;
 d=strlen(s);                              /*得到s串的长度*/
 for(i=0;i<d;i++)
     t[i]=s[i];                            /*将s串的正序复制到t中 */
 for(i=0;i<d;i++)
     t[d+i]=s[d-1-i];                      /* 将s串的逆序连接到t后*/
 t[2*d]='\0';                              /* 加结束标记 */
}
void main()
{char s[40],t[80];
 printf("Please enter string s:");
 scanf("%s",s);                            /* 输入已知串 */
 fun(s,t);                                 /*进行正反序连接 */
 printf("The result is: %s\n",t);          /*输出连接后的串*/
}
```

(3)编写函数fun，统计子串substr在主字符串str中出现的次数。

参考代码：

```
#include <stdio.h>
fun(char *str,char *substr)
{int i,j,k,num=0;
 for(i=0;str[i];i++)                       /* 在主串中逐个字符判断 */
   for(j=i,k=0;substr[k]==str[j];k++,j++)
   /*从当前字符开始与子串比较*/
     if(substr[k+1]=='\0')                 /* 如匹配成功 */
     {num++;                               /* 计数 */
       break;                              /* 从主串中的下一个字符开始判断 */
     }
 return num;                               /* 返回子串出现的次数 */
}
void main()
{char str[80],substr[80];
 printf("Input a string:");
 gets(str);                                /* 读入主串    */
 printf("Input a substring:");
 gets(substr);                             /* 读入子串 */
```

```
 printf("%d\n",fun(str,substr));                  /* 输出子串出现的次数 */
}
```

(4)有一字符串,包含n个字符。编写一个函数,将此字符串中从第m个字符开始的全部字符复制成为另一个字符串。

参考代码:

```
#include <stdio.h>
#include <string.h>
void copystr( char *p1,char *p2,int m)
{int n;
 n=0;
 while (n<m-1)
   {n++;
    p1++;
   }
 while( *p1!='\0')
   { *p2= *p1;
     p1++;
     p2++;
   }
 *p2='\0';
}
void main()
{int m;
 char str1[20],str2[20];
 printf("input string: ");
 gets(str1);
 printf ("Which character that begin to copy? ");
 scanf("%d",&m);
 if(strlen(str1)<m)
     printf("input error!");
 else
    {copystr(str1,str2,m);
     printf ("result:%s\n",str2);
    }
}
```

(5)输入一行文字,找出其中大写字母、小写字母、空格、数字及其他字符各有多少。

测试数据:

Input string:Today is 2009/1/1↙

uppercase:1　　lowercase:6　　space:2　　digit:6　　other:2

参考代码：

```
#include <stdio.h>
void main()
{int uppercase=0, lowercase=0 , digit=0,space=0,other=0,i=0;
 char *p,s[20];
 printf("Input string:");
 while((s[i]=getchar())!='\n')
      i++;
 p=&s[0];
 while(*p!='\n' )
   {if(('A'<=*p)&&(*p<='Z'))++uppercase;
    else if (('a'<=*p)&&(*p<='z'))++lowercase;
        else if (*p==' ')++space;
             else if ((*p<='9')&&(*p>='0'))++digit;
                  else
                   ++other;
    p++;
   }
   printf("uppercase:%d\tlowercase:%d\t",uppercase, lowercase);
   printf("space:%d\tdigit:%d\tother:%d\n",space,digit,other);
}
```

(6)编写函数 fun，在字符串 str 中找出 ASCII 码最大的字符，将其放在第一个位置上，并将该字符前的原字符向后顺序移动。

参考代码：

```
#include <stdio.h>
void fun (char *p)
{char max, *q;
 int i=0;
 max=p[0];
 q=p;                                    /* 先设 p[0]为最大字符 */
 while (p[i]!=0)                         /*  逐个字符比较  */
 {if (p[i]>max)                          /* 如比当前最大字符还大 */
    {max=p[i];
     q=p+i;
    }                                    /* 重新记下最大字符及其地址 */
  i++;
 }
 while (q>p)                             /* 将最大字符之前的字符依次后移 */
 {*q=*(q-1);
```

```
    q--;
}
p[0]=max;                                    /* 最大字符放在第一个位置 */
}
void main()
{char str[80];
 printf("Enter a string:");
 gets(str);                                  /* 读入原串 */
 fun(str);                                   /* 作相应处理 */
 puts(str);                                  /* 输出新串 */
}
```

实验十四　结构体、共用体和枚举类型

1. 实验目的

(1)掌握结构体类型变量的定义和使用方法；

(2)掌握结构体类型数组的概念和使用方法；

(3)掌握共用体的概念与使用方法；

(4)了解枚举类型数据的定义与使用方法。

2. 实验内容

(1)建立一个学生的简单信息表，其中包括学号、年龄、性别及一门课的成绩。要求从键盘输入学生信息数据，并显示出来。一个信息表可以由结构体来定义，表中的内容可以通过结构体中的成员来表示。

参考代码：

```
#include <stdio.h>
void main()
{struct st
    {int num;
     int age;
     char sex;
     float score;
    };
   struct st info;
   printf("input sex:");
   scanf("%c",&info.sex);
   printf("input number:");
   scanf("%d",&info.num);
   printf("input age:");
   scanf("%d",&info.age);
```

```
    printf("input score:");
    scanf("%f",&info.score);
    printf("\nnumber:%d\n",info.num);
    printf("age:%d\n",info.age);
    printf("sex:%c\n",info.sex);
    printf("score:%f\n",info.score);
}
```

(2)建立5名学生的信息表,每个学生的数据包括学号、姓名及一门课的成绩。要求从键盘输入这5名学生的信息,并按照每一行显示一名学生信息的形式将5名学生的信息显示出来。

参考代码:

```
#include <stdio.h>
#define N 5
struct stud
{int num;
 char name[20];
 int score;
};
struct stud s[N];
void main()
{int i;
 for (i=0;i<N;i++)
 {printf("input number:");
  scanf("%d",&s[i].num);
  printf("input name:");
  scanf("%s",s[i].name);     /* scanf中%s输入时,遇空格或回车结束,请输入单词 */
  printf("input score:");
  scanf("%d",&s[i].score);
  }
  for (i=0;i<N;i++)
      {printf("%d\t",s[i].num);
       printf("%s\t",s[i].name);
       printf("%d\n",s[i].score);
      }
}
```

(3)显示某人工资信息的程序如下,分析显示结果。

参考代码:

```
#include <stdio.h>
#include <string.h>
void main()
```

```
{struct staff
    {char name[20];
     char department[20];
     int salary;
    };
 struct staff worker, * p;
 p=&worker;
 strcpy(worker.name,"Li Hua");
 strcpy((*p).department , "art college");
 p->salary=1000;
 printf("%s\t%s\t%4d\n", worker.name, worker.department, worker.salary);
 printf("%s\t%s\t %4d\n",(*p).name,(*p).department,(*p).salary);
 printf("%s\t%s\t %4d\n",p->name,p->department,p->salary);
}
```

显示结果：

```
Li Hua    art college    1000
Li Hua    art college    1000
Li Hua    art college    1000
```

(4)编写程序以显示教师的工资表。

测试显示数据：

```
Xu's salary is 900 yuan
Lu's salary is 800 yuan
Yu's salary is 700 yuan
```

参考代码：

```
#include <stdio.h>
struct staff
{char name[20];
 int salary;
};
void main()
{struct staff *p;
 struct staff teacher[3]={{"Xu",900},{"Lu",800},{"Yu",700}};
 for (p=teacher;p<teacher+3;p++)
     printf("%s\'s salary is %d yuan\n",p->name, p->salary);
}
```

(5)编写一个函数 print，打印学生成绩表，该表中有 5 个学生的数据记录，每个记录包括 num、name、score[3]，用主函数输入这些记录数据，用 print 函数输出这些记录数据。

参考代码：

```
#include <stdio.h>
```

```
#define N 5
struct student
{char num[6];
 char name[8];
 int score[3];
}stu[N];
void print(struct student stu[5])
{int i,j;
 printf("\n NO.      name      score1  score2  score3\n");
 for(i=0;i<N;i++)
  {printf("%3s%10s",stu[i].num,stu[i].name);
   for(j=0;j<3;j++)
       printf("%7d",stu[i].score[j]);
    printf("\n");
   }
}
void main()
{int i,j;
 for(i=0;i<N;i++)
  {printf("\nInput record of student %d:\n",i+1);
   printf("No.:");
   scanf("%s",stu[i].num);
   printf("name:");
   scanf("%s",stu[i].name);   /* scanf中%s输入时,遇空格或回车结束,请输入单词*/
   for(j=0;j<3;j++)
   {printf("score %d:",j+1);
       scanf("%d",&stu[i].score[j]);
   }
   printf("\n");
  }
print(stu);
}
```

(6)在上题的基础上,编写一个函数 input,用来输入 5 个学生的数据记录。

参考代码:

```
#include <stdio.h>
#define N 5
struct student
{char num[6];
 char name[8];
```

```
 int score[3];
}stu[N];
void input(struct student stu[])
{int i,j;
for(i=0;i<N;i++)
{printf("input scores of student %d:\n",i+1);
 printf("NO. :");
 scanf("%s",stu[i].num);
 printf("name:");
 scanf("%s",stu[i].name);  /* scanf中%s输入时,遇空格或回车结束,请输入单词 */
 for(j=0;j<3;j++)
 {printf("score%d:",j+1);
    scanf("%d",&stu[i].score[j]);
 }
 printf("\n");
 }
}
void print(struct student stu[5])
{int i,j;
 printf("\n NO.      name      score1  score2  score3\n");
 for(i=0;i<N;i++)
 {printf("%3s%10s",stu[i].num,stu[i].name);
  for(j=0;j<3;j++)
     printf("%7d",stu[i].score[j]);
  printf("\n");
  }
}
void main()
{input(stu);
 print(stu);
}
```

实验十五 文　件

1. 实验目的

(1)理解文件以及缓冲文件系统、文件指针的概念;

(2)学会使用文件打开、关闭、读、写等文件操作函数;

(3)学会用缓冲文件系统对文件进行简单的操作。

2. 实验内容

(1)编写程序用来统计文件 test. txt 中所有字符的个数。

```
#include <stdio.h>
void main()
{FILE *fp;
 long num=0;
 if((fp=fopen("C:\\test.txt","r"))==NULL)
   {printf( "Can't open file! \n");
   }
 while(! feof(fp))
   {fgetc(fp);
   num++;
   }
 num-=1;                        /* 每次多统计出一个字符数,减去 1 */
 printf("num=%d\n", num);
 fclose(fp);
}
```

(2)将 C 盘根目录下文件"file. txt"的信息读出并显示到屏幕上。假设已在 C 盘根目录下建立文件"file. txt",其内容是:hello world!

参考代码:

```
#include <stdio.h>
void main()
 {FILE *fp;
  char c;
  if((fp=fopen("c:\\file.txt","r"))==NULL)
  {printf("Can't Open File \n");
  }
  c=fgetc(fp);
  while(c!=EOF)
  {putchar(c);
   c=fgetc(fp);
  }
  fclose(fp);
}
```

(3)从键盘输入一个字符串和一个十进制整数,将它们写入"test. txt"文件中,然后再从"test. txt"文件中读出并显示在屏幕上。

参考代码:

①解法 1:

```
#include <stdio.h>
```

```
void main()
{FILE *fp;
 char s[80];
 int a;
 if((fp=fopen("c:\\test.txt","w+"))==NULL)
      {printf("Can't Open File \n");
      }
 printf("input a sting and a interger number:\n");
 scanf("%s%d",s,&a);  /* scanf 中%s 输入时,遇空格或回车结束,请输入单词 */
 fprintf(fp,"%s %d",s,a);                  /* 以格式输出方式写入文件 */
 rewind(fp);
 fscanf(fp,"%s%d",s,&a);                   /* 以格式输出方式从文件读取数据 */
 printf("the file data is:\n");
 printf("%s %d\n",s,a);
 fclose(fp);
}
```

②解法 2:

```
#include <stdio.h>
void main()
{FILE *fp;
 char s[80];
 int a;
 if((fp=fopen("c:\\test.txt","w+"))==NULL)
      {printf("Can't Open File \n");
      }
 printf("input a sting and a interger number:\n");
 scanf("%s%d",s,&a);  /* scanf 中%s 输入时,遇空格或回车结束,请输入单词 */
 fprintf(fp,"%s %d",s,a);                  /* 以格式输出方式写入文件 */
 fclose(fp);
 if((fp=fopen("c:\\test.txt ","r"))==NULL)
     {printf("cannot open file.\n");
     }
 fscanf(fp,"%s%d",s,&a);                   /* 以格式输出方式从文件读取数据 */
 printf("the file data is:\n");
 printf("%s %d\n",s,a);
 fclose(fp);
}
```

(4)从键盘输入一行字符串,将其中的所有大写字母全部转换成小写字母,然后输出到一个磁盘文件“text.txt”中保存,并检验“text.txt”文件中的内容。

参考代码：

```
#include <stdio.h>
void main()
{FILE *fp;
 char str[100];
 int i;
 if((fp=fopen("c:\\text.txt","w"))==NULL)
    {printf("can not open file.\n");
    }
 printf("Input a string:");
 gets(str);
 for (i=0;str[i];i++)
    {if(str[i]>='A'&&str[i]<='Z')
      str[i]+='a'- 'A';
      fputc(str[i],fp);
    }
 fclose(fp);
 fp=fopen("c:\\text.txt","r");
 fgets(str,100,fp);
 printf("%s\n",str);
 fclose(fp);
}
```

实验十六　综合性(设计性)实验

1. 实验目的

在熟练掌握C语言的基本知识的基础上，进一步掌握各种函数的应用，学会编制结构清晰、风格良好、数据结构适当的C语言程序，从而具备解决综合性实际问题的能力。

2. 实验内容

设计一个简单的学生信息管理系统，使其具有读入原始数据、查询数据、修改数据、删除数据、添加数据、数据排序等功能。

关键模块参考代码：

(1)读入学生成绩信息数据：要求用户输入学生总人数，现设每人有四门课的成绩，可在屏幕提示下从键盘输入学生学号、姓名、四门课成绩，系统可自动计算出每人的平均分，将所有的数据都存放在磁盘文件"stud.txt"中，并在屏幕上显示这些数据信息。

```
#define N 10
#include <stdio.h>
struct student
{   char num[6];
```

```
    char name[8];
    int score[4];
    float ave;
}stu[N],out;
storage()
{   int i,j,num;
    float sum;
    FILE *fp;
    printf("please input the total numbers of student:");
    scanf("%d",&num);
    for(i=0;i<num;i++)
    {   printf("\ninput information of student %d :\n",i+1);
        printf("num:    ");
        scanf("%s",stu[i].num);
        printf("name:   ");
        scanf("%s",stu[i].name);
        sum=0;
        for (j=0;j<4;j++)
          {   printf(" score %d:",j+1);
                  scanf("%d",&stu[i].score[j]);
                sum=sum+stu[i].score[j];
          }
          stu[i].ave=sum/4;
        }
        fp=fopen("c:\\stud.txt","w");
        for(i=0;i<num;i++)
        if(fwrite(&stu[i],sizeof(struct student),1,fp)!=1)
            printf("file write error\n");
        fclose(fp);
        fp=fopen("c:\\stud.txt","r");                 /* 验证写入情况 */
        printf("num     name     score1   score2   score3   score4     ave\n");
        while(fread(&out,sizeof(out),1,fp))       /* 从文件读入数据,在屏幕上输出 */
        {   printf("%-6s%-8s",out.num,out.name);
            for(j=0;j<4;j++)
            printf("%-8d",out.score[j]);
            printf("%6.2f\n",out.ave);
        }
        rewind(fp);
        fclose(fp);
}
```

(2)按学号查询学生信息:要求用户输入待查学生的学号,然后系统自动根据学号进行信息查询,并将查询结果显示在屏幕上。

```
#define N 10
#include <stdio.h>
#include <string.h>
struct student
{  char num[6];
   char name[8];
   int score[4];
   float ave;
}stu[N],out;
query()
{  int j;
   char no[20];
   FILE *fp;
   printf("please input NO. of querying student:");
   scanf("%s",no);
   fp=fopen("c:\\stud.txt","r");
   rewind(fp);
   while(feof(fp)!=1)
      {fread(&out,sizeof(out),1,fp);
       if(strcmp(out.num,no)==0)
          {printf("%-6s%-8s",out.num,out.name);
           for(j=0;j<4;j++)
           printf("%-8d",out.score[j]);
           printf("%6.2f\n",out.ave);
          }
      }
   fclose(fp);
}
```

(3)修改学生信息:要求用户输入待修改信息的学生学号,然后系统自动根据学号进行记录定位,然后将该记录进行修改,将修改之后的所有记录存放在磁盘文件"stud1.txt"中,并将所有的记录信息显示在屏幕上。

```
#define XM "wanghong"
#define CJ1 89
#define CJ2 98
#define CJ3 79
#define CJ4 99
```

```
#define AV 100
#define N 10
#include <stdio.h>
#include <string.h>
struct student
{   char num[6];
    char name[8];
    int score[4];
    float ave;
}out;
modify()
{   int j;
    char no[20];
    FILE *fp, *fp1;
    printf("please input NO. of modifying student:");
    scanf("%s",no);
    fp=fopen("c:\\stud.txt","r");
    rewind(fp);
    fp1=fopen("c:\\stud1.txt","w+");
    while(feof(fp)!=1)
      {fread(&out,sizeof(out),1,fp);
       if(strcmp(out.num,no)!=0)
            fwrite(&out,sizeof(out),1,fp1);
       else{
            strcpy(out.name, XM);
            out.score[1]=CJ1;
            out.score[2]=CJ2;
            out.score[3]=CJ3;
            out.score[4]=CJ4;
            out.ave=AV;
            fwrite(&out,sizeof(out),1,fp1);
            }
      }
      rewind(fp);
      fclose(fp);
      rewind(fp1);
      fclose(fp1);
      fp1=fopen("c:\\stud1.txt","r");/* 验证修改情况 */
      printf("num    name    score1  score2  score3  score4    ave\n");
```

```
    while(fread(&out,sizeof(out),1,fp1))   /* 从文件读入数据,在屏幕上输出 */
    {  printf("%-6s%-8s",out.num,out.name);
       for(j=0;j<4;j++)
       printf("%-8d",out.score[j]);
       printf("%6.2f\n",out.ave);
    }
    rewind(fp1);
    fclose(fp1);
}
```

(4)删除学生信息数据:要求用户输入待修改信息的学生学号,然后系统自动根据学号进行记录定位,然后将该记录进行删除,将剩余的所有记录存放在磁盘文件"stud2.txt"中,并可将剩余记录信息显示在屏幕上。

```
#define XH "4"
#define XM "wanghong"
#define CJ1 89
#define CJ2 98
#define CJ3 79
#define CJ4 99
#define AV 100
#define N 10
#include <stdio.h>
#include <string.h>
struct student
{  char num[6];
   char name[8];
   int score[4];
   float ave;
}stu[N],out;
delete()
{  int j;
   char no[20];
   FILE *fp, *fp1;
   printf("please input NO. of modifying student:");
   scanf("%s",no);
   fp=fopen("c:\\stud.txt","r");
   rewind(fp);
   fp1=fopen("c:\\stud2.txt","w+");
   while(feof(fp)!=1)
    {fread(&out,sizeof(out),1,fp);
```

```
    if(strcmp(out.num,no)!=0)
        fwrite(&out,sizeof(out),1,fp1);
    }
    fclose(fp);
    fclose(fp1);
    fp1=fopen("c:\\stud2.txt","r");          /* 验证修改情况 */
    printf("num    name    score1  score2  score3  score4    ave\n");
    while(fread(&out,sizeof(out),1,fp1))     /* 从文件读入数据,在屏幕上输出 */
    {   printf("%-6s%-8s",out.num,out.name);
        for(j=0;j<4;j++)
        printf("%-8d",out.score[j]);
        printf("%6.2f\n",out.ave);
    }
  rewind(fp1);
  fclose(fp1);
}
```

(5)添加数据:系统自动在原始数据末尾追加一条新的学生信息,并可将所有信息显示在屏幕上。

```
#define LEN sizeof (struct student)
#define N 10
#include "malloc.h"
#include <stdio.h>
struct student
{char num[6];
 char name[8];
 int score[4];
 float ave;
}stu[N],out;
append( )
 {int i,j;
  float sum;
  struct student *p;
  FILE *fp;
  p=(struct student *)malloc(LEN);
  printf("\ninput appending information of student :\n");
  printf("num:   ");
    scanf("%s", p->num);
    printf("name:  ");
    scanf("%s", p->name);
```

```
        sum=0;
        for (j=0;j<4;j++)
            {printf(" score %d: ",j+1);
        scanf("%d", &(p->score[j]));
            sum=sum+ p->score[j];
        }
    p->ave=sum/4;
    fp=fopen("c:\\stud.txt","a");
    fwrite(p,sizeof(struct student),1,fp);
    rewind(fp);
    fclose(fp);
    fp=fopen("c:\\stud.txt","r");                /* 验证追加情况 */
    printf("num    name    score1  score2  score3  score4    ave\n");
    while(fread(&out,sizeof(out),1,fp))         /* 从文件读入数据,在屏幕上输出 */
      {printf("%-6s%-8s",out.num,out.name);
        for(j=0;j<4;j++)
          printf("%-8d",out.score[j]);
        printf("%6.2f\n",out.ave);
        }
    rewind(fp);
    fclose(fp); }
```

(6)数据排序:将“stud.txt”文件中的学生数据,按平均分进行排序处理,将已排序的学生数据存入一个新文件“stu_sort.txt”中,并将排序结果显示在屏幕上。

参考代码:

```
#include <stdio.h>
#define N 10
struct student
{   char num[6];
    char name[8];
    int score[4];
    float ave;
}stu[N],temp;
sort()
{   FILE *fp;
    int i,j,n;
    fp =fopen("c:\\stud.txt","r");
      for(i=0; fread(&stu[i].num,sizeof(struct student),1,fp)!=0; i++)
      {  printf ("\n%8s%8s",stu[i].num,stu[i].name);
         for (j=0;j<4;j++)
```

```
        printf("%8d",stu[i].score[j]);
      printf("%10.2f",stu[i].ave);
    }
    fclose(fp);
    n=i;
    for(i=0;i<n;i++)                              /* 排序 */
      for (j=i+1;j<n;j++)
        if(stu[i].ave<stu[j].ave)
          {  temp=stu[i];
             stu[i]=stu[j];
             stu[j]=temp;
          }
    printf("\nNow:");
    fp=fopen("c:\\stu_sort.txt","w");
    for (i=0;i<n; i++)
    {  fwrite(&stu[i],sizeof(struct student),1,fp);
       printf ("\n%8s%8s",stu[i].num,stu[i].name);
       for (j=0;j<4;j++)
          printf ("%8d",stu[i].score[j]);
       printf("%10.2f",stu[i].ave);
    }
    fclose(fp);
  }
```

(7)主程序:请用户按屏幕提示,做出选择,直到用户输入'@'时,结束程序。

```
main()
{char c;
 int choi;
 printf("\please input choice:1:input2:query3:modify4:append5:sort%d",&choi);
 while((c=getchar())!='@')
 switch(choi)
 {case 1:{storage();break;}
  case 2:{query();break;}
  case 3:{modify();break;}
  case 4:{delete();break;}
  case 5:{append ();break;}
  case 6:{sort ();break;}
  default: break;
  }
}
```

第三部分　上机测试题及参考答案

上机测试题(一)

一、程序改错题

以下给定程序中函数 fun 的功能是:先将在字符串 s 中的字符按正序存放到 t 串中,然后把 s 中的字符按逆序连接到 t 串的后面。

例如,当 s 中的字符串为"ABCDE"时,则 t 中的字符串应为"ABCDEEDCBA"。

请改正程序中的错误,使程序能得出正确的结果。

注意:不要改动 main 函数,不得增行或删行,也不得更改程序的结构。

```
#include <stdio.h>
#include <string.h>
void fun(char *s,char *t)
{
    int i,sl;
    sl=strlen(s);
/**************found**************/
    for(i=0;i<=sl;i++)
        t[i]=s[i];
    for(i=0;i<sl;i++)
        t[sl+i]=s[sl-i-1];
/**************found**************/
    t[sl]='\0';
}
main()
{
    char s[100],t[100];
    printf("\nPlease enter string s:");
    scanf("%s",s);
    fun(s,t);
    printf("The result is: %s\n",t);
}
```

二、程序填空题

以下给定程序的功能是调用 fun 函数建立班级通讯录。通讯录中记录每位学生的编号、姓名和电话号码。班级的人数和学生的信息从键盘读入,每个人的信息作为一个数据块写到名为 myfile5. dat 的二进制文件中。

请在程序的下划线处填入正确的内容并把下划线删除，使程序得出正确的结果。

不得增行或删行，也不得更改程序的结构。

```
#include <stdio.h>
#include <stdlib.h>
#define N 5
typedef struct
{
    int num;
    char name[10];
    char tel[10];
}STYPE;
void check();
/ ************* found ************* /
int fun(_____1_____ * std)
{
/ ************* found ************* /
    _____2_____ * fp; int i;
    if((fp=fopen("myfilet. dat","wb"))==NULL)
        return(0);
    printf("\nOutput data to file! \n");
    for(i=0;i<N;i++)
/ ************* found ************* /
        fwrite(&std[i],sizeof(STYPE),1,_____3_____);
    fclose(fp);
    return(1);
}
main( )
{
    STYPE s[10]={{1,"aaaaa","111111"},{2, "bbbbb","222222"},{3, "ccccc",
"333333"},{4, "ddddd","444444"},{5, "eeeee","555555"}};
    int k;
    k=fun(s);
    if(k==1)
    {
        printf("Succeed!");
        check();
    }
    else
```

```
        printf("Fail!");
    }
    void check()
    {
        FILE *fp;
        int i;
        STYPE s[10];
        if((fp=fopen("myfilet.dat","rb"))==NULL)
        {
            printf("Fail!! \n");
            exit(0);
        }
        printf("\nRead file and output to screen:\n");
        printf("\n num name     tel\n");
        for(i=0;i<N;i++)
        {
            fread(&s[i],sizeof(STYPE),1,fp);
            printf("%3d   %s   %s\n",s[i].num,s[i].name,s[i].tel);
        }
        fclose(fp);
    }
```

三、程序设计题

以下给定程序中函数 fun 的功能是:将两个两位数的正整数 a、b 合并形成一个整数放在 c 中。合并的方式是:将 a 数的十位和个位数依次放在 c 数的千位和十位上,b 数的十位和个位数依次放在 c 数的百位和个位上。

例如,当 a=45,b=12 时,调用该函数后,c=4152。

请勿改动主函数 main 和其他函数中的任何内容,仅在函数 fun 的花括号中填入所编写的若干语句。

```
#include <stdio.h>
void fun(int a,int b,long *c)
{

}
main()
{
    int a,b;long c;
    printf("Input a,b:");
    scanf("%d,%d",&a,&b);
    fun(a,b,&c);
```

```
    printf("The result is: %d\n",c);
}
```

上机测试题(一)参考答案

一、程序改错题

(1)第二个 for 语句 for (i=0;i<=s1;i++)应改为 for (i=0;i<=sl;i++)

(2)t[sl]='\0'应改为 t[2*sl]= '\0'或 t[sl+sl]= '\0'

二、程序填空题

(1) STYPE

(2) FILE

(3) fp

三、程序设计题

```
void fun(int a,int b,long *c)
{
*c=(a/10)*1000+(b/10)*100+(a%10)*10+(b%10);
}
```

上机测试题(二)

一、程序改错题

以下给定程序中函数 fun 的功能是:计算正整数 num 的各位上的数字之积。

例如,若输入:252,则输出应该是:20。若输入:202,则输出应该是:0。

请改正程序中的错误,使它能得出正确的结果。

注意:不要改动 main 函数,不得增行或删行,也不得更改程序的结构。

```
#include <stdio.h>
long fun(long num)
{
/ ************** found ************** /
    long k;
    do
    {
        k*=num%10;
/ ************** found ************** /
        num\=10;
    }while(num);
    return(k);
}
main()
```

```
{
    long n;
    printf("\nPlease enter a number:");
    scanf("%ld",&n);
    printf("\n%ld\n",fun(n));
}
```

二、程序填空题

以下给定程序中已建立一个带有头结点的单向链表，链表中的各结点按结点数据域中的数据递增有序链接。函数 fun 的功能是：把形参 x 的值放入一个新结点并插入到链表中，插入后各结点数据域的值仍保持递增有序。

请在程序的下划线处填入正确的内容并把下划线删除，使程序得出正确的结果。

不得增行或删行，也不得更改程序的结构。

```
#include <stdio.h>
#include <stdlib.h>
#define N 8
typedef struct list
{
    int data;
    struct list *next;
}SLIST;
void fun(SLIST *h, int x)
{
    SLIST *p, *q, *s;
    s=(SLIST *)malloc(sizeof(SLIST));
/**************found**************/
    s->data=___1___;
    q=h;
    p=h->next;
    while(p!=NULL && x>p->data) {
/**************found**************/
        q=___2___;
        p=p->next;
    }
    s->next=p;
/**************found**************/
    q->next=___3___;
}
SLIST *creatlist(int *a)
{
```

```
    SLIST *h,*p,*q;
    int i;
    h=p=(SLIST *)malloc(sizeof(SLIST));
    for(i=0;i<N;i++)
    {
      q=(SLIST *)malloc(sizeof(SLIST));
      q->data=a[i];
      p->next=q;
      p=q;
    }
    p->next=0;
    return h;
}
void outlist(SLIST *h)
{
    SLIST *p;
    p=h->next;
    if(p ==NULL)
        printf("\nThe list is NULL! \n");
    else
    {
      printf("\nHead");
      do
      {
        printf("->%d",p->data);
        p=p->next;
      }while(p! =NULL);
      printf("->End\n");
      }
}
main()
{
      SLIST *head; int x;
      int a[N]={11,12,15,18,19,22,25,29};
      head=creatlist(a);
      printf("\nThe lise before inserting:\n");
      outlist(head);
      printf("\nEnter a number:");
      scanf("%d",&x);
```

```
    fun(head,x);
    printf("\nThe list after inserting:\n");
    outlist(head);
}
```

三、程序设计题

请编写一个函数 fun,它的功能是:计算 n 门课程的平均分,计算结果作为函数值返回。

例如,若有 5 门课程的成绩是:90.5、72、80、61.5、55,则函数的值为:71.80。

请勿改动主函数 main 和其他函数中的任何内容,仅在函数 fun 的花括号中填入所编写的若干语句。

```
#include <stdio.h>
float fun(float *a, int n)
{

}
main()
{
    float score[30]={ 90.5,72,80,61.5,55},aver;
    void NONO();
    aver=fun(score,5);
    printf("\nAverage score is:%5.2f\n",aver);
    NONO();
}
void NONO()
{/*本函数用于打开文件,输入数据,调用函数,输出数据,关闭文件。*/
    FILE *fp, *wf;
    int i,j;
    float aver, score[5];
    fp=fopen("in.dat","r");
    wf=fopen("out.dat","w");
    for(i=0;i<10;i++)
    {
        for(j=0;j<5;j++)
            fscanf(fp,"%f,",&score[j]);
            aver=fun(score,5);
            fprintf(wf,"%5.2f\n",aver);
    }
    fclose(fp);
    fclose(wf);
}
```

上机测试题(二)参考答案

一、程序改错题

(1) long k;改为 long k=1;

(2) num\=10;改为 num/=10;

二、程序填空题

(1) ___x___

(2) ___p___

(3) ___s___

三、程序设计题

```
float fun(float *a, int n)
{
int i;
float ave=0.0;
for (i=0;i<n;i++)ave=ave+a[i];
    ave=ave/n;
return ave;
}
```

上机测试题(三)

一、程序改错题

以下给定程序中函数 fun 的功能是:计算并输出 high 以内最大的 10 个素数之和。high 的值由主函数传给 fun 函数。

若 high 的值为:100,则函数的值为:732。

请改正程序中的错误,使程序能输出正确的结果。

注意:不要改动 main 函数,不得增行或删行,也不得更改程序的结构。

```
#include <stdio.h>
#include <math.h>
int fun(int high)
{
    int sum=0,n=0,j,yes;
/**************found**************/
    while((high>=2) && (n<10))
    {
        yes=1;
          for(j=2;j<=high/2;j++)
              if(high%j==0){
```

```
/ ************* found ************* /
        yes=0;break
    }
    if(yes)
    {sum+=high;n++;}
    high--;
  }
  return sum;
}
main()
{
    printf("%d\n",fun(100));
}
```

二、程序填空题

以下给定程序中,函数 fun 的功能是:有 N×N 矩阵,根据给定的 m(m<=N)值,将每行元素中的值均右移 m 个位置,左边置为 0。例如,N=3,m=2,有下列矩阵

```
1    2    3
4    5    6
7    8    9
```

程序执行结果为

```
0    0    1
0    0    4
0    0    7
```

请在程序的下划线处填入正确的内容并把下划线删除,使程序得出正确的结果。

注意:不得增行或删行,也不得更改程序的结构。

```
#include <stdio.h>
#define N 4
void fun(int (*t)[N],int m)
{
    int i,j;
/ ************* found ************* /
    for(i=0;i<N;____1____)
{
        for(j=N-1-m;j>=0;j--)
/ ************* found ************* /
            t[i][j+____2____]=t[i][j];
/ ************* found ************* /
        for(j=0;j<____3____;j++)
            t[i][j]=0;
```

```
    }
}
main()
{
    int t[][N]={21,12,13,24,25,16,47,38,29,11,32,54,42,21,33,10},i,j,m;
    printf("\nThe original array:\n");
    for(i=0;i<N;i++)
    {
        for (j=0;j<N;j++)
            printf("%4d",t[i][j]);
        printf("\n");
    }
    printf("Input m (m<=%d):",N);
    scanf("%d",&m);
    fun(t,m);
    printf("\nThe result is:\n");
    for(i=0;i<N;i++)
    {
        for (j=0;j<N;j++)
            printf("%4d",t[i][j]);
        printf("\n");
    }
}
```

三、程序设计题

编写函数 fun,它的功能是利用以下所示的简单迭代方法求方程:cos(x)－x＝0 的一个实根。

$x_{n+1}=\cos(x_n)$

迭代步骤如下:

(1)取 x1 初值为 0.0;

(2)x0＝x1,把 x1 的值赋给 x0;

(3)x1＝cos(x0),求出一个新的 x1;

(4)若 x0－x1 的绝对值小于 0.000 001,执行步骤(5),否则执行步骤(2);

(5)所求 x1 就是方程 cos(x)－x＝0 的一个实根,作为函数值返回。

程序将输出结果 Root＝0.739086。

请勿改动主函数 main 和其他函数中的任何内容,仅在函数 fun 的花括号中填入所编写的若干语句。

```
#include <math.h>
#include <stdio.h>
double fun()
```

```
{

}
main()
{
    void NONO();
    printf("Root=%f\n",fun());
    NONO();
}
void NONO()
{/*本函数用于打开文件,输入数据,调用函数,输出数据,关闭文件。*/
    FILE *wf;
    wf=fopen("out.dat","w");
    fprintf(wf,"%f\n",fun());
    fclose(wf);
}
```

上机测试题(三)参考答案

一、程序改错题

(1) while((high>=2) && (n<10))修改为 while((n<=high) && (n<10))

(2) break 后面缺少语句结束符";"

二、程序填空题

(1) ___i++___

(2) ___m___

(3) ___m___

三、程序设计题

```
double fun()
{
float x0,x1=0.0;
do{
    x0=x1;
    x1=cos(x0);
}while(fabs(x0-x1)>0.000001);
return x1;
}
```

上机测试题(四)

一、程序改错题

以下给定程序中函数 fun 的功能是:从 3 个红球,5 个白球,6 个黑球中任意取出 8 个作为一组,进行输出。在每组中,可以没有黑球,但必须要有红球和白球。

组合数作为函数值返回。正确的组合数应该是 15。程序中 i 的值代表红球数,j 的值代表白球数,k 的值代表黑球数。

请改正函数 fun 中指定部位的错误,使它能得出正确的结果。

注意:不要改动 main 函数,不得增行或删行,也不得更改程序的结构。

```
#include <stdio.h>
int fun()
{
    int i,j,k,sum=0;
    printf("\nThe result :\n\n");
/**************found**************/
    for(i=0;i<=3;i++)
    {
        for(j=1;j<=5;j++)
        {
            k=8-i-j;
/**************found**************/
            if(k>=1 && k<=6)
            {
                sum=sum+1;
                printf("red:%4d  white:%4d  black:%4d\n",i,j,k);
            }
        }
    }
    return sum;
}
main()
{
    int sum;
    sum=fun();
    printf("sum=%4d\n\n",sum);
}
```

二、程序填空题

函数 fun 的功能是:计算

$f(x)=1+x-\frac{x^2}{2!}+\frac{x^3}{3!}-\frac{x^4}{4!}+\cdots+(-1)^{n-2}\frac{x^{n-1}}{(n-1)!}+(-1)^{n-1}\frac{x^n}{n!}$的前n项之和。若x=2.5,n=15时,函数值为:1.917914。

请在程序的下划线处填入正确的内容并把下划线删除,使程序得出正确的结果。

注意:不得增行或删行,也不得更改程序的结构。

```
#include <stdio.h>
#include <math.h>
double fun(double x,int n)
{
    double f,t; int i;
/*************found*************/
    f=____1____;
    t=-1;
    for(i=1;i<n;i++)
    {
/*************found*************/
        t*=(____2____)*x/i;
/*************found*************/
        f+=____3____;
    }
    return f;
}
main()
{
    double x,y;
    x=2.5;
    y=fun(x,15);
    printf("\nThe result is :\n");
    printf("x=%-12.6f y=%-12.6f\n",x,y);
}
```

三、程序设计题

请编写函数fun,其功能是计算并输出下列多项式的值:

$S_n=1+1/1!+1/2!+1/3!+1/4!+\cdots+1/n!$

例如,在主函数中从键盘给n输入15,则输出为:s=2.718282。

注意:要求n的值大于1但不大于100。

请勿改动主函数main和其他函数中的任何内容。仅在函数fun的花括号中填入所编写的若干语句。

```
#include <stdio.h>
double fun(int n)
```

```
{

}
main()
{
    int n; double s;
    printf("Input n: ");
    scanf("%d",&n);
    s=fun(n);
    printf("s=%f\n",s);
    NONO();
}
NONO()
{/*请在此函数内打开文件,输入测试数据,调用fun函数,输出数据,关闭文件。*/
    FILE *rf, *wf; int n,i; double s;
    rf=fopen("in.dat","r");
    wf=fopen("out.dat","w");
    for(i=0;i<10;i++)
    {
        fscanf(rf,"%d",&n);
        s=fun(n);
        fprintf(wf,"%lf\n",s);
    }
    fclose(rf);
    fclose(wf);
}
```

上机测试题(四)参考答案

一、程序改错题

(1) for(i=0;i<=3;i++)改为 for(i=1;i<=3;i++)

(2) if(k>=1 && k<=6)改为 if(k>=0 && k<=6)

二、程序填空题

(1) 1

(2) -1

(3) t

三、程序设计题

```
double fun(int n)
{
```

```
    double s=1;
    long t=1;
    int i;
    for(i=1;i<=n;i++)
    {
        t=t*i;        /*计算阶乘*/
        s+=1./t;   /*计算每项的值并累加至变量s中*/
    }
    return s;    /*返回多项式的值*/
}
```

上机测试题(五)

一、程序改错题

以下给定程序中函数 fun 的功能是：根据输入的三个边长(整型值)，判断能否构成三角形；构成的是等边三角形，还是等腰三角形。若能构成等边三角形函数返回 3，若能构成等腰三角形函数返回 2，若能构成一般三角形函数返回 1，若不能构成三角形函数返回 0。

请改正函数 fun 中指定部位的错误，使它能得出正确的结果。

注意：不要改动 main 函数，不得增行或删行，也不得更改程序的结构。

```
#include <stdio.h>
#include <math.h>
/**************found**************/
void fun(int a,int b,int c)
{
    if(a+b>c && b+c>a && a+c>b)
    {
        if(a==b && b==c)
            return 3;
        else if(a==b || b==c || a==c)
            return 2;
/**************found**************/
        else return 1
    }
    else return 0;
}
main()
{
    int a,b,c,shape;
    printf("\nInput a,b,c:");
```

```
    scanf("%d%d%d",&a,&b,&c);
    printf("\na=%d, b=%d, c=%d\n",a,b,c);
    shape=fun(a,b,c);
    printf("\n\nThe shape : %d\n",shape);
}
```

二、程序填空题

甲乙丙丁四人同时开始放鞭炮，甲每隔 t1 秒放一次，乙每个 t2 秒放一次，丙每隔 t3 秒放一次，丁每隔 t4 秒放一次，每人各放 n 次。函数 fun 的功能是根据形参提供的值，求出总共听到多少次鞭炮声作为函数值返回。注意，当几个鞭炮同时炸响，只算一次响声，第一次响声是在第 0 秒。

例如，若 t1=7，t2=5，t3=6，t4=4，n=10，则总共可听到 28 次鞭炮声。

请在程序的下划线处填入正确的内容并把下划线删除，使程序得出正确的结果。

注意：不得增行或删行，也不得更改程序的结构。

```
#include <stdio.h>
/ ************** found ************** /
#define OK(i,t,n) ((______1______%t==0) && (i/t<n))
int fun(int t1, int t2, int t3, int t4, int n)
{
    int count,t,maxt=t1;
    if(maxt<t2) maxt=t2;
    if(maxt<t3) maxt=t3;
    if(maxt<t4) maxt=t4;
    count=1;              /* 给 count 赋初值 */
/ ************** found ************** /
    for(t=1;t<maxt*(n-1);______2______)
    {
        if(OK(t,t1,n) || OK(t,t2,n) || OK(t,t3,n) || OK(t,t4,n))
            count++;
    }
/ ************** found ************** /
    return ______3______;
}
main()
{
    int t1=7,t2=5,t3=6,t4=4,n=10,r;
    r=fun(t1,t2,t3,t4,n);
    printf("The sound: %d\n",r);
}
```

三、程序设计题

请编写函数 fun，其功能是计算并输出 3～n(含 3 和 n)所有素数的平方根之和。

例如，在主函数中从键盘给 n 输入 100 后，输出为：sum＝148.874270。

注意：要求 n 的值大于 2 但不大于 100。

请勿改动主函数 main 和其他函数中的任何内容，仅在函数 fun 的花括号中填入所编写的若干语句。

```
#include <math.h>
#include <stdio.h>
double fun(int n)
{

}
main()
{
    int n; double sum;
    printf("\n\nInput n: ");
    scanf("%d",&n);
    sum=fun(n);
    printf("\n\nsum=%f\n\n",sum);
}
```

上机测试题(五)参考答案

一、程序改错题

(1) void fun(int a,int b,int c)改为 int fun(int a,int b,int c)

(2) else return 1 后缺少语句结束符“;”

二、程序填空题

(1) ＿＿i＿＿

(2) ＿＿t++＿＿

(3) ＿＿count＿＿

三、程序设计题

```
double fun(int n)
{
int i,j=0;
double s=0;
for(i=3;i<=n;i++)
    {
     for(j=2;j<i;j++)
     if(i%j==0)break;
     if(j==i)s=s+sqrt(i);
    }
```

```
  return s;
}
```

上机测试题(六)

一、程序改错题

以下给定程序中函数 fun 的功能是:将 s 所指字符串中最后一次出现的与 t1 所指字符串相同的子串替换成 t2 所指字符串,所形成的新串放在 w 所指的数组中。

在此处,要求 t1 和 t2 所指字符串的长度相同。

例如,当 s 所指字符串中的内容为"abcdabfabc",t1 所指子串中的内容为"ab",t2 所指子串中的内容为"99"时,结果在 w 所指的数组中的内容应为"abcdabf99c"。

请改正程序中的错误,使它能得出正确的结果。

注意:不要改动 main 函数,不得增行或删行,也不得更改程序的结构。

```
#include <stdio.h>
#include <string.h>
void fun(char *s, char *t1, char *t2, char *w)
{
  char *p, *r, *a=s;
  strcpy(w,s);
/************** found **************/
  while(w)
  {
     p=w;r=t1;
     while(*r)
/************** found **************/
        if(r==p)
        {
           r++;
           p++;
        }
        else break;
        if(*r=='\0') a=w;
        w++;
  }
  r=t2;
  while(*r){*a=*r;a++;r++;}
}
main()
{
```

```
    char s[100],t1[100],t2[100],w[100];
    printf("\nPlease enter string S:");
    scanf("%s",s);
    printf("\nPlease enter substring t1:");
    scanf("%s",t1);
    printf("\nPlease enter substring t2:");
    scanf("%s",t2);
    if(strlen(t1)==strlen(t2))
    {
        fun(s,t1,t2,w);
        printf("\nThe result is: %s\n",w);
    }
        else printf("\nError: strlen(t1)!= strlen(t2)\n");
}
```

二、程序填空题

给定程序中,函数 fun 的功能是:将形参 s 所指字符串中的所有字母字符顺序前移,其他字符顺序后移,处理后新字符串的首地址作为函数值返回。

例如,s 所指字符串为 asd123fgh543df,处理后新字符串为 asdfghdf123543。

请在程序的下划线处填入正确的内容并把下划线删除,使程序得出正确的结果。

注意:不得增行或删行,也不得更改程序的结构。

```
#include <stdio.h>
#include <stdlib.h>
#include <string.h>
char *fun(char *s)
{
    int i,j,k,n;
    char *p,*t;
    n=strlen(s)+1;
    t=(char*)malloc(n*sizeof(char));
    p=(char*)malloc(n*sizeof(char));
    j=0;
    k=0;
    for(i=0;i<n;i++)
    {
        if(((s[i]>='a') && (s[i]<='z')) || ((s[i]>='A') && (s[i]<='Z')))
        {
/**************found**************/
            t[j]=____1____;j++;
        }
```

```
        else
        {
            p[k]=s[i];k++;
        }
    }
/ ************* found ************* /
    for (i=0;i<______2______;i++)
        t[j+i]=p[i];
/ ************* found ************* /
    t[j+k]=______3______;
    return t;
}
main()
{
    char s[80];
    printf("Please input:");
    scanf("%s",s);
    printf("\nThe result is: %s\n",fun(s));
}
```

三、程序设计题

函数 fun 的功能是:将 s 所指字符串中 ASCII 值为奇数的字符删除,串中剩余字符形成一个新串放在 t 所指的数组中。

例如,若 s 所指字符串中的内容为:"ABCDEFG12345",其中字符 A 的 ASCII 码值为奇数、…字符 1 的 ASCII 码值也为奇数、…都应当删除,其他依此类推。最后 t 所指的数组中的内容应是:"BDF24"。

请勿改动主函数 main 中的任何内容,仅在花括号中填入你编写的若干语句。

```
#include <stdio.h>
#include <string.h>
void fun(char *s, char t[])
{

}
int main()
{
    char s[100],t[100];
    printf("\nPlease enter string s:");scanf("%s",s);
    fun(s,t);
    printf("\nThe result is: %s\n",t);
}
```

上机测试题(六)参考答案

一、程序改错题

(1) while(w)改为 while(* w)

(2) if(r==p)改为 if(* r== * p)

二、程序填空题

(1) ______s[i]______

(2) ______k______

(3) ______'\0'______

三、程序设计题

```
void fun(char  * s, char t[])
{
unsigned i,j=0;
for(i=0;i<=strlen(s);i++)
    if(! (s[i]%2))
        t[j++]=s[i];
t[j]= '\0';
}
```

上机测试题(七)

一、程序改错题

以下给定程序的功能是：读入一个英文文本行，将其中每个单词的第一个字母改成大写，然后输出此文本行(这里“单词”是指由空格隔开的字符串)。

例如，若输入：“I am a student to take the examination.”，则应输出：“I Am A Student To Take The Examination.”。

请改正程序中的错误，使它能得出正确的结果。

注意：不要改动 main 函数，不得增行或删行，也不得更改程序的结构。

```
#include <ctype.h>
#include <string.h>
/ ************** found ************** /
include <stdio.h>
/ ************** found ************** /
upfst (char p)
{
    int k=0;
    for (; * p;p++)
        if(k)
```

```
        {
            if( * p==' ')
                    k=0;
        }
        else if( * p! = ' ')
        {
            k=1; * p=toupper( * p);
        }
}
main()
{
    char chrstr[81];
    printf("\nPlease enter an English text line: ");
    gets(chrstr);
    printf("\n\nBefore changing:\n %s",chrstr);
    upfst(chrstr);
    printf("\nAfter changing:\n %s\n ",chrstr);
}
```

二、程序填空题

给定程序中，函数 fun 的功能是：计算形参 x 所指数组中 N 个数的平均值（规定所有数均为正数），将所指数组中大于平均值的数据移至 x 所指数组的前部，小于等于平均值的数据移至 x 所指数组的后部，平均值作为函数值返回，在主函数中输出平均值和移动后的数据。

例如，有 10 个正数：46 30 32 40 6 17 45 15 48 26，平均值为：30.500000

移动后的输出为：46 32 40 45 48 30 6 17 15 26

请在程序的下划线处填入正确的内容并把下划线删除，使程序得出正确的结果。

注意：不得增行或删行，也不得更改程序的结构。

```
#include <stdlib.h>
#include <stdio.h>
#define N 10
double fun(double  * x)
{
    int i,j;
    double s,av,y[N];
    s=0;
    for(i=0;i<N;i++) s=s+x[i];
/ ************** found ************** /
    av=______1______;
    for(i=j=0;i<N;i++)
        if(x[i]>av)
```

```
        {
/ ************** found ************** /
            y[______2______]=x[i];x[i]=-1;
        }
    for(i=0;i<N;i++)
/ ************** found ************** /
        if(x[i]!=______3______)
            y[j++]=x[i];
    for(i=0;i<N;i++)
        x[i]=y[i];
    return av;
}
main()
{
    int i; double x[N];
    for(i=0;i<N;i++)
    {
      x[i]=rand()%50;
      printf("%4.0f ",x[i]);
    }
    printf("\n");
    printf("\nThe average is: %f\n",fun(x));
    printf("\nThe result :\n",fun(x));
    for(i=0;i<N;i++)
        printf("%5.0f",x[i]);
    printf("\n");
}
```

三、程序设计题

程序定义了 N×N 的二维数组,并在主函数中赋值。请编写函数 fun,函数的功能是:求出数组周边元素的平均值并作为函数值返给主函数中的 s。

例如,a 数组中的值为:

$$a=\begin{bmatrix}0&1&2&7&9\\1&9&7&4&5\\2&3&8&3&1\\4&5&6&8&2\\5&9&1&4&1\end{bmatrix}$$

则返回主程序后 s 的值应为:3.375。

注意:请勿改动主函数 main 和其他函数中的任何内容,仅在函数 fun 的花括号中填入所编写的若干语句。

```
#include <stdio.h>
#include <stdlib.h>
#define N 5
double fun(int w[][N])
{

}
main()
{
   int a[N][N]={0,1,2,7,9,1,9,7,4,5,2,3,8,3,1,4,5,6,8,2,5,9,1,4,1};
   int i,j;
   double s;
   printf("***** The array *****\n");
   for(i=0;i<N;i++)
   {
     for(j=0;j<N;j++)
     {
       printf("%4d",a[i][j]);
     }
     printf("\n");
   }
   s=fun(a);
   printf("***** THE RESULT *****\n");
   printf("The average is : %lf\n",s);
}
```

上机测试题(七)参考答案

一、程序改错题

(1)include<stdio.h>改为#include <stdio.h>

(2)upfst(charp)改为 upfst(char *p)

二、程序填空题

(1) s/N

(2) j++

(3) -1

三、程序设计题

```
double fun(int w[][N])
{
 int i,n=0;
 double sum=0;
```

```
 for(i=0;i<N;i++)
  {
   sum+=w[0][i]+w[N-1][i];
   n+=2;
  }
 for (i=1;i<N-1;i++)
  {
   sum+=w[i][0]+w[i][N-1];
   n+=2;
  }
 return sum/n;
}
```

上机测试题(八)

一、程序改错题

以下给定程序中函数 fun 的功能是:先从键盘上输入一个 3×3 矩阵的各个元素的值,然后输出主对角线元素之和。

请改正函数 fun 中的错误,使它能得出正确的结果。

注意:不要改动 main 函数,不得增行或删行,也不得更改程序的结构。

```
#include <stdio.h>
#include <string.h>
void fun()
{
   int a[3][3],sum;
   int i,j;
/ ************** found ************** /
   printf("Input data:");
   for(i=0;i<3;i++)
   {
      for(j=0;j<3;j++)
/ ************** found ************** /
            scanf("%d",a[i][j]);
   }
   for (i=0;i<3;i++)
      sum=sum+a[i][i];
   printf("Sum=%d\n",sum);
}
main()
```

```
{
    fun();
}
```

二、程序填空题

给定程序中，函数 fun 的功能是：调用随机函数产生 20 个互不相同的整数放在形参 a 所指数组中（此数组在主函数中已置 0）。

请在程序的下划线处填入正确的内容并把下划线删除，使程序得出正确的结果。

注意：不得增行或删行，也不得更改程序的结构。

```
#include <stdio.h>
#define N 20
void fun(int *a)
{
    int i,x,n=0;
    x=rand()%20;
/************** found **************/
    while(n<____1____)
    {
        for(i=0;i<n;i++)
/************** found **************/
            if(x==a[i])____2____;
/************** found **************/
          if(i==____3____){a[n]=x; n++;}
          x=rand()%20;
    }
}
main()
{
    int x[N]={0},i;
    fun(x);
    printf("The result : \n");
    for(i=0;i<N;i++)
    {
        printf("%4d",x[i]);
        if((i+1)%5==0)
            printf("\n");
    }
    printf("\n\n");
}
```

三、程序设计题

设有 n 个人围坐一圈并按顺时针方向从 1 到 n 编号，从第 s 个人开始进行 1 到 m 的报数，报数到第 m 个人，此人出圈，再从他的下一个人重新开始 1 到 m 的报数，如此进行下去直到所有的人都出圈为止。

现要求按出圈次序，每 10 人一组，给出这 n 个人的顺序表。请考生编制函数 Josegh()实现此功能并调用函数 WriteDat()把结果 p 输出到文件 jose. out 中。

设 n=100，s=1，m=10。

(1)将 1 到 n 个人的序号存入一维数组 p 中；

(2)若第 i 个人报数后出圈，则将 p[i]置于数组的倒数第 i 个位置上，而原来第 i+1 个至倒数第 i 个元素依次向前移动一个位置；

(3)重复第(2)步直至圈中只剩下 p[1]为止。

注意：请勿改动主函数 main 和其他函数中的任何内容，仅在函数 fun 的花括号中填入所编写的若干语句。

```
#include <stdio.h>
#define N 100
#define S 1
#define M 10
int p[100],n,s,m;
void WriteDat(void);
void Josegh(void)
{

}
void main()
{
    m=M;n=N;s=S;/*S 开始，m 周期，n 总数*/
    Josegh();
    WriteDat();
}
void WriteDat(void)
{
    int i;
    FILE *fp;
    fp=fopen("jose.out","w");
    for(i=N-1;i>=0;i--)
    {
        printf("%4d",p[i]);
        fprintf(fp,"%4d",p[i]);
        if(i%10==0)
```

```
        {
            printf("\n");
            fprintf(fp, "\n");
        }
    }
    fclose(fp);
}
```

上机测试题(八)参考答案

一、程序改错题

(1) sum 改为 sum＝0

(2) scanf("%d",a[i][j]);改为 scanf("%d",&a[i][j]);

二、程序填空题

(1) N

(2) break

(3) n

三、程序设计题

```
void Josegh(void)
{
    int i,j,s1,w;
    s1=s;
    for(i=1;i<=n;i++)
        p[i-1]=i;   /*初始化赋值*/
    for(i=n;i>=1;i--)
    {
        s1=(s1+m-1)%i;
        if(s1==0) s1=i;
        w=p[s1-1];
        for(j=s1;j<i;j++)
            p[j-1]=p[j];
        p[i-1]=w;
    }
}
```

上机测试题(九)

一、程序改错题

以下给定程序中函数 fun 的功能是:求三个数的最小公倍数。

例如，给主函数中的变量 x1、x2、x3 分别输入 15、11、2，则输出结果应当是 330。

请改正程序中的错误，使它能得出正确结果。

注意：不要改动 main 函数，不得增行或删行，也不得更改程序的结构。

```
#include <stdio.h>
/************** found **************/
fun(int x,y,z)
{
    int j,t,n,m;
    j=1;
    t=j%x;
    m=j%z;
    while(t!=0 || m!=0 || n!=0)
    {
        j=j+1;
        t=j%x;
        m=j%y;
        n=j%z;
    }
/************** found **************/
    return i;
}
main()
{
    int x1,x2,x3,j;
    printf("Input x1    x2  x3:");
    scanf("%d%d%d",&x1,&x2,&x3);
    printf("x1=%d,x2=%d,x3=%d\n",x1,x2,x3);
    j=fun(x1,x2,x3);
    printf("The minimal common multiple is : %d\n",j);
}
```

二、程序填空题

程序通过定义学生结构体变量，存储了学生的学号、姓名和 3 门课的成绩。函数 fun 的功能是对形参 b 所指结构体变量中的数据进行修改，最后在主函数中输出修改后的数据。

例如，b 所指变量 t 中的学号、姓名和三门课的成绩依次是：10002、"ZhangQi"、93、85、87，修改后输出 t 中的数据应为：10004、"LiJie"、93、85、87。

请在程序的下划线处填入正确的内容并把下划线删除，使程序得出正确的结果。

注意：不得增行或删行，也不得更改程序的结构。

```
#include <stdio.h>
#include <string.h>
```

```
struct student
{
    long sno;
    char name[10];
    float score[3];
};
void fun(struct student * b)
{
/ ************* found ************* /
    b ______1______ =10004;
/ ************* found ************* /
    strcpy(b ______2______ ,"LiJie");
}
main()
{
    struct student t={10002,"ZhangQi",93,85,87};
    int i;
    printf("\n\nThe original data:\n");
    printf("\nNo: %ld Name: %s\nScores:",t.sno,t.name);
    for(i=0;i<3;i++) printf("%6.2f",t.score[i]);
    printf("\n");
/ ************* found ************* /
    fun(____3____ );
    printf("\nThe data after modified:\n");
    printf("\nNo: %ld Name: %s\nScores:",t.sno,t.name);
    for(i=0;i<3;i++) printf("%6.2f",t.score[i]);
    printf("\n");
}
```

三、程序设计题

N名学生的成绩已在主函数中放入一个带头结点的链表结构中,h指向链表的头结点。请编写函数fun,它的功能是:求出平均分,由函数值返回。

例如,若学生的成绩是:85、76、69、85、91、72、64、87,则平均分应当是:78.625。

注意:请勿改动主函数main和其他函数中的任何内容,仅在函数fun的花括号中填入所编写的若干语句。

```
#include <stdio.h>
#include <stdlib.h>
#define N 8
struct slist
{
```

```
 double s;
 struct slist *next;
};
typedef struct slist STREC;
double fun(STREC *h)
{

}
STREC *creat(double *s)
{
STREC *h,*p,*q; int i=0;
h=p=(STREC*)malloc(sizeof(STREC));
p->s=0;
while(i<N)
  {
   q=(STREC*)malloc(sizeof(STREC));
   q->s=s[i];i++;p->next=q;p=q;
  }
 p->next=0;
 return h;
}
outlist(STREC *h)
{
 STREC *p;
 p=h->next;
 printf("head");
 do
   {
   printf("->%4.1f",p->s);
   p=p->next;
   }while(p!=0);
 printf("\n\n");
}
main()
{
 double s[N]={85,76,69,85,91,72,64,87},ave;
 STREC *h;
 h=creat(s);
 outlist(h);
```

```
 ave=fun(h);
 printf("ave=%6.3f\n",ave);
}
```

上机测试题(九)参考答案

一、程序改错题

(1)fun(int x,y,z)改为 int fun(int x,int y,int z)

(2)return i;改为 return j;

二、程序填空题

(1) ->sno

(2) ->name

(3) &t

三、程序设计题

```
double fun(STREC *h)
{
STREC *p=h->next;              /*由于头结点中没有存放数据*/
double av=0.0;                 /*对计算成绩平均值的变量进行初始化*/
int n=0;
while(p!=NULL)                 /*判断链表是否结束*/
 {
  av=av+p->s;                  /*对成绩进行累加*/
  p=p->next;                   /*到下一个结点位置*/
  n++;                         /*人数加1*/
 }
 av/=n;                        /*计算成绩平均值*/
 return av;                    /*返回成绩平均值*/
}
```

上机测试题(十)

一、程序改错题

以下给定程序中函数 fun 的功能是:用冒泡法对 6 个字符串按由小到大的顺序进行排序。请改正程序中的错误,使它能得出正确结果。

注意:不要改动 main 函数,不得增行或删行,也不得更改程序的结构。

```
#include <stdio.h>
#include <string.h>
#define MAXLINE 20
fun(char *pstr[6])
```

```
{
    int i,j;
    char *p;
    for(i=0;i<5;i++)
    {
/**************found**************/
        for(j=i+1,j<6,j++)
        {
            if(strcmp(*(pstr+i),*(pstr+j))>0)
            {
                p=*(pstr+i);
/**************found**************/
                *(pstr+i)=pstr+j;
                *(pstr+j)=p;
            }
        }
    }
}
main()
{
    int i;
    char *pstr[6],str[6][MAXLINE];
    for(i=0;i<6;i++) pstr[i]=str[i];
    printf("\nEnter 6 string(1 string at each line):\n");
    for(i=0;i<6;i++) scanf("%s",pstr[i]);
    fun(pstr);
    printf("The strings after sorting:\n");
    for (i=0;i<6;i++)
        printf("%s\n",pstr[i]);
}
```

二、程序填空题

给定程序中，函数 fun 的功能是：将形参指针所指结构体数组中的三个元素按 num 成员进行升序排列。

请在程序的下划线处填入正确的内容并把下划线删除，使程序得出正确的结果。

注意：不得增行或删行，也不得更改程序的结构。

```
#include <stdio.h>
typedef struct
{
    int num;
```

```
    char name[10];
}PERSON;
/ ************* found ************* /
void fun(PERSON ____1____ )
{
/ ************* found ************* /
    ____2____temp;
    if(std[0]. num>std[1]. num)
    {
        temp=std[0];
        std[0]=std[1];
        std[1]=temp;
    }
    if(std[0]. num>std[2]. num)
    {
        temp=std[0];
        std[0]=std[2];
        std[2]=temp;
    }
    if(std[1]. num>std[2]. num)
    {
        temp=std[1];
        std[1]=std[2];
        std[2]=temp;
    }
}
main()
{
    PERSON std[]={5,"ZhangHu",2,"WangLi",6,"LinMin"};
    int i;
/ ************* found ************* /
    fun(____3____);
    printf("\nThe result is :\n");
    for (i=0;i<3;i++)
        printf("%d,%s\n",std[i]. num,std[i]. name);
}
```

三、程序设计题

编写函数 fun,它的功能是:求 Fibonacci 数列中大于 t 的最小的一个数,结果由函数返回。其中 Fibonacci 数列 F(n)的定义为:

F(0)＝0,F(1)＝1

F(n)＝F(n－1)＋F(n－2)

例如,当 t＝1000 时,函数值为:1597。

注意:请勿改动主函数 main 和其他函数中的任何内容,仅在函数 fun 的花括号中填入所编写的若干语句。

```
#include <math.h>
#include <stdio.h>
int fun(int t)
{


}
main()
{
    int n;
    void NONO();
    n=1000;
    printf("n=%d,f=%d\n",n,fun(n));
    NONO();
}
void NONO()
{/*本函数用于打开文件,输入数据,调用函数,输出数据,关闭文件。*/
    FILE *fp, *wf;
    int i,n,s;
    fp=fopen("in.dat","r");
    wf=fopen("out.dat","w");
    for(i=0;i<10;i++)
    {
        fscanf(fp,"%d",&n);
        s=fun(n);
        fprintf(wf, "%d\n",s);
    }
    fclose(fp);
    fclose(wf);
}
```

上机测试题(十)参考答案

一、程序改错题

(1)for(j＝i＋1,j＜6,j＋＋)改为 for(j＝i＋1;j＜6;j＋＋)

(2) *(pstr+i)=pstr+j;改为*(pstr+i)=*(pstr+j);

二、程序填空题

(1) ____*std____

(2) ____PERSON____

(3) ____std____

三、程序设计题

```
int fun(int t)
{
 int f0=0,f1=1,f;
 do{
       f=f0+f1;
       f0=f1;
       f1=f;
   }while(f<t);
return f;
}
```

上机测试题(十一)

一、程序改错题

以下给定程序的功能是:读入一个整数K(2<=K<=10000),打印输出其所有素数因子。例如,若输入整数4312,则应输出:2、7、11。

请改正程序中的错误,使程序能得出正确的结果。

注意:不要改动main函数,不得增行或删行,也不得更改程序的结构。

```
#include <conio.h>
#include <stdio.h>
IsPrime(int n)
{
   int i, m;
   m = 1;
   for (i=2; i<n; i++)
      if! (n%i)
       {
       m = 0;
       continue;
       }
     return(m);
}
main()
```

```
{
    int j, k;
    printf("\n please enter an integer number between 2 and 10000:");
    scanf("%d", &k);
    printf("\n\nThe prime factor(s) of %d is(are):", k);
    for (j=2; j<k; j++)
        if ((! (k%j)) && (IsPrime(j)))
        printf(" %4d,", j);
    printf("\n");
}
```

二、程序填空题

请补充函数 fun,它的功能是:计算并输出 N(包括 N)以内能被 3 或 7 整除的所有自然数的倒数之和。

例如,在主函数中从键盘给 N 输入 40 后,输出为:S=1.338616。

请勿改动主函数 main 和其他函数中的任何内容,仅在 fun 函数的横线上填入所编写的若干表达式或语句。

```
#include <stdio.h>
double fun(int n)
{
    int i;
    double sum = 0.0;
    for (i=1; ____1____; i++)
    if (i%3==0 ____2____ i%7==0)
        sum+= ____3____/i;
  return sum;
}
main()
{
    int n;
    double s;
    printf("\nInput n: ");
    scanf("%d", &n);
    s = fun(n);
    printf("\n\ns=%f\n", s);
}
```

三、程序设计题

请编写函数 fun,它的功能是:求出 1~1 000 能被 7 或 11 整除、但不能同时被 7 和 11 整除的所有整数,并将它们放在指针 a 所指的数组中,通过 n 返回这些数的个数。

注意:请勿改动主函数 main 和其他函数中的任何内容,仅在函数 fun 的花括号中填入所编写的若干语句。

```
#include <conio.h>
#include <stdio.h>
void fun(int *a,int *n)
{
}
main()
{
    int aa[1000],n,k;
    FILE *out;      /*申明一个文件指针out,该指针指定了文件以写的方式打开*/
    fun(aa,&n);
    out=fopen("out.dat", "w");          /*打开只写文件"outfile.dat"*/
    for (k=0;k<n;k++)
      if ((k+1)%10==0)
        {
          printf("%5d\n",aa[k]);
          fprintf(out, "%d\n", aa[k]);/*把aa[k]写入到outfile.dat这个文件里*/
        }
      else
        {
          printf("%5d,",aa[k]);
          fprintf(out, "%d,", aa[k]);  /*把aa[k]写入到outfile.dat这个文件里*/
        }
    fclose(out);                /*关闭文件指针out*/
}
```

上机测试题(十一) 参考答案

一、程序改错题

(1)continue 改为 break

(2)if !(n%i)改为 if(!(n%i))

二、程序填空题

(1)i<=n 或 n>=i

(2)||

(3)1.0 或(double)1

三、程序设计题

```
void fun(int *a,int *n)
{
    int i,j=0;
```

```
    for (i=2;i<1000;i++)
        if((i%7==0||i%11==0)&&i%77!=0)
            a[j++]=i;
    *n=j;
}
```

上机测试题(十二)

一、程序改错题

以下给定程序中函数 fun 的功能是:用选择法对数组中的 n 个元素按从小到大的顺序排序。

请改正程序中的错误,使程序能得出正确的结果。

注意:不要改动 main 函数,不得增行或删行,也不得更改程序的结构。

```
#include <stdio.h>
#define N 20
void fun(int a[], int n)
{
    int i, j, t, p;
    for (j=0; j<n-1; j++)
      {
        p = i;
        for (i=j; i<n; i++)
            if(a[i] < a[p])
              {
                p = j;
                t = a[p];
                a[p] = a[i];
                a[i] = t;
              }
      }
}
main()
{
    int a[N] = {9, 6, 8, 3, -1}, i, m = 5;
    printf("\n 输出原数组\n");
    for (i=0; i<m; i++)
        printf("%d,", a[i]);
    printf("\n");
    fun(a, m);
```

```
    printf("\n输出排序后数组\n");
    for (i=0; i<m; i++)
        printf("%d,", a[i]);
    printf("\n");
}
```

二、程序填空题

请补充 main 函数，该函数的功能是：从键盘输入一组整数，使用条件表达式找出最大数，当输入整数 0 时结束输入。

例如，输入 1 2 3 6 5 4 0 时，最大的数为 6。

请勿改动主函数 main 和其他函数中的任何内容，仅在 fun 函数的横线上填入所编写的若干表达式或语句。

```
#include <stdio.h>
#include <conio.h>
#define N 100
main()
{
    int num[N];
    int i =-1;
    int max = 0;
    printf("\nInput integer number: \n");
    do
      {
        i++;
        printf("num[%d]=", i);
        scanf("%d", ____1____);
        max=____2____num[i] : max;
        } while(____3____);
    printf("max=%d\n", max);
}
```

三、程序设计题

编写函数 fun，函数功能是：根据以下公式计算 s，计算结果作为函数值返回；n 通过形参传入。

$$S = 1 + \frac{1}{1+2} + \frac{1}{1+2+3} + \cdots + \frac{1}{1+2+3+\cdots+n}$$

例如，若 n 的值为 13 时，函数的值为 1.857143。

注意：请勿改动主函数 main 和其他函数中的任何内容，仅在函数 fun 的花括号中填入所编写的若干语句。

```
#include <conio.h>
#include <stdio.h>
```

```
#include <string.h>
float fun (int n)
{

}
main()
{
    int n;
    float s;
    FILE *out;      /*申明一个文件指针 out,该指针指定了文件以写的方式打开*/
    printf("\nPlease Enter N:");
    scanf("%d",&n);
    s=fun(n);
    printf("The result is: %f\n",s);
    s = fun(28);
    out = fopen("out.dat", "w");      /*打开只写文件"outfile.dat"*/
    fprintf(out, "%f", s);            /*把 s 写入到 outfile.dat 这个文件里*/
    fclose(out);                      /*关闭文件指针 out*/
}
```

上机测试题(十二) 参考答案

一、程序改错题

(1)p = i;改为 p=j;

(2)删除 p=j;

二、程序填空题

(1)&num[i]或 num+i

(2)max<num[i]? 或 num[i]>max?

(3)num[i]!=0 或 0!=num[i]

三、程序设计题

```
float fun(int n)
{
    int i;
    float s=1.0,t=1.0;
      for (i=2;i<=n;i++)
      {
         t=t+i;
         s=s+1/t;
      }
```

```
    return s;
}
```

上机测试题(十三)

一、程序改错题

以下给定程序中,函数 fun 的功能是实现两个整数的交换。例如,给 a 和 b 分别输入 50 和 65,输出为:a=65b=50。

请改正程序中的错误,使它能得出正确结果。

注意:不要改动 main 函数,不得增行或删行,也不要更改程序的结构。

```
#include <stdio.h>
#include <conio.h>
void fun(int a, int b)
{
    int t;
    t = b; b = a;a = t;
}
main()
{
    int a, b;
    printf("Enter a,b: ");
    scanf("%d%d", &a, &b);
    fun(&a, &b);
    printf("a=%d b=%d\n", a, b);
}
```

二、程序填空题

给定程序中函数 StrStr 的功能是:给定两个字符串,查找其中一个串在另一个串中出现的次数和第 n 次出现的位置,n 由用户任意给出。

例如,当两个串 str1="part1 part2 part3 partn",str2="part"时,查找 str2 在 str1 中出现的次数并返回,得到结果为 4;查找 str2 中的串在 str1 串中第 3 次出现的位置为 str1 中"part3 partn"的首位置。请补充函数 StrStr,使它能正确完成功能。注意:不要改动程序中原有的内容。

```
#include <stdio.h>
#include <string.h>
int StrStr(char *srcstr, char *chdstr, int iTime)
{char *p;
 int count=0;
 p=____1____;
```

```
  while (1)
  {   p=strstr(p, chdstr);
      if(iTime==1)          printf("%s",p);
      iTime--;
      if(p!=NULL)
                p=p+strlen(____2____);
      else
                break;
      count++;
  }
  return(____3____);
}
main()
{ char srcstr[]="part1 part2 part3 partn", chdstr[]="part";
  int n, count;
  printf("n =");
  scanf("%d",&n);
  count=StrStr(srcstr, chdstr, n);
  printf("\ncount=%d",count);
}
```

三、程序设计题

编写函数 int fun(int lim,int aa[MAX]),该函数的功能是求出小于或等于 lim 的所有素数,并放在 aa 数组中,该函数返回所求出的素数的个数。

注意:请勿改动主函数 main 和其他函数中的任何内容,仅在函数 fun 的花括号中填入所编写的若干语句。

```
#include <stdio.h>
#include <conio.h>
#define MAX 100
int fun( int lim, int aa[MAX])
{

}
main()
{
   int limit,i,sum;
   int aa[MAX];
   FILE *out;    /*申明一个文件指针 out,该指针指定了文件以写的方式打开*/
   printf("输入一个整数");
   scanf(" %d", &limit);
```

```
    sum=fun(limit, aa);
    for (i=0 ; i < sum; i++)
      {
        if(i%10 == 0 && i !=0)
        printf("\n");
        printf("%5d", aa[i]);
      }
    sum=fun(28, aa);
    out = fopen("out.dat", "w");          /*打开只写文件"outfile.dat"*/
    for (i=0 ; i < sum; i++)
      fprintf(out, "%d\n", aa[i]);        /*把aa[i]写入到outfile.dat这个文件里*/
    fclose(out);                          /*关闭文件指针out*/
}
```

上机测试题(十三)参考答案

一、程序改错题

(1)void fun(int a,int b)改为 void fun(int *a,int *b)

(2)t=b;b=a;a=t;改为 t= *b; *b= *a; *a=t;

二、程序填空题

(1) srcstr

(2) chdstr

(3) count

三、程序设计题

```
int fun (int lim,int aa[MAX])
{
  int k=0,i,j;
  for (i=lim;i>1;i--)
    {
    for (j=2;j<i;j++)
      if(i %j==0)
          break;
      else
          continue;
    if(j>=i)
      {
       aa[k]=i;
        k++;
      }
```

```
    }
    return k++;
}
```

上机测试题(十四)

一、程序改错题

以下给定程序中,函数 fun 的功能是按以下递归公式求函数值。

$$fun(n)=\begin{cases}10 & (n=1)\\ fun(n-1)+2 & (n>1)\end{cases}$$

例如,当给 n 输入 5 时,函数值为 18;当给 n 输入 3 时,函数值为 14。

请改正程序中的错误,使它能得出正确结果。

注意:不要改动 main 函数,不得增行或删行,也不要更改程序的结构。

```
#include <stdio.h>
int fun(int n)
{
    int c;
    if (n = 1)
        c = 10;
    else if
        c = fun(n-1)+2;
    return (c);
}
main()
{
    int n;
    printf("Enter n: ");
    scanf("%d", &n);
    printf("The result: %d\n\n", fun(n));
}
```

二、程序填空题

在主函数中从键盘输入若干个数放入数组 x 中,用 0 结束输入但不计入数组。下列给定程序中,函数 fun 的功能是:输出数组元素中小于平均值的元素。

例如,数组中元素的值依次为 1、2、2、12、5、15,则程序的运行结果为 1、2、2、5。

注意:请勿改动主函数 main 和其他函数中的任何内容,仅在横线上填入所编写的若干表达式或语句。

```
#include <stdio.h>
void fun(____1____, int n)
{
```

```
    double sum = 0.0;
    double average = 0.0;
    int i = 0;
    for (i=0; i<n; i++)
      ______2______;
    average = ______3______;
    for (i=0; i<n; i++)
      if (x[i] < average)
        {
          if (i%5 == 0)
          printf("\n");
          printf("%d, ", x[i]);
        }
}
main()
{
    int x[1000];
    int i = 0;
    printf("\nPlease enter some data(end with 0):");
    do
      {
        scanf("%d", &x[i]);
      } while (x[i++] != 0);
    fun(x, i-1);
}
```

三、程序设计题

编写函数 fun,它的功能是:判断字符串是否为回文,若是,则函数返回 1,主函数输出 YES,否则返回 0,主函数中输出 NO。回文是指顺读和倒读都一样的字符串。例如,字符串 LEVEL 是回文,而字符串 123312 就不是回文。

注意:请勿改动主函数 main 和其他函数中的任何内容,仅在函数 fun 的花括号中填入所编写的若干语句。

```
#include <stdio.h>
#define N 80
int fun(char *str)
{
}
main()
{
    char s[N] ;
```

```
    FILE  * out;      /* 申明一个文件指针 out,该指针指定了文件以写的方式打开 */
    char  * test[] = {"1234321", "123421", "123321", "abcdCBA"};
    int i;
    printf("Enter a string: ") ;
    gets(s) ;
    printf("\n\n") ;
    puts(s) ;
    if(fun(s))
        printf(" YES\n") ;
    else
        printf(" NO\n") ;
    out=fopen("out.dat", "w");               /* 打开只写文件"outfile.dat" */
    for (i = 0; i < 4; i++)
      if (fun(test[i]))
          fprintf(out, "YES\n");             /* 把 YES 写入到 outfile.dat 这个文件里 */
      else
          fprintf(out, "NO\n");              /* 把 NO 写入到 outfile.dat 这个文件里 */
    fclose(out);                             /* 关闭文件指针 out */
}
```

上机测试题(十四)参考答案

一、程序改错题

(1)if (n=1)改为 if(n==1)

(2)else if 改为 else

二、程序填空题

(1)int x[]或 int * x

(2)sum+=x[i]或 sum=sum+x[i]

(3)sum/n

三、程序设计题

```
int fun(char  * str)
{
    int i,n=0,fg=1;
    char  * p=str;
    while( * p)
      {
          n++;
          p++;
      }
```

```
    for (i=0;i<n/2;i++)
        if(str [i]==str[n-1-i])
            fg=1;
        else
          {
            fg=0;
            break;
          }
    return fg;
}
```

上机测试题(十五)

一、程序改错题

以下给定程序中,函数 fun 的功能是:根据以下公式求 pi 值,并作为函数值返回。

$$\frac{\pi}{2}=1+\frac{1}{3}+\frac{1}{3}\times\frac{2}{5}+\frac{1}{3}\times\frac{2}{5}\times\frac{3}{7}+\frac{1}{3}\times\frac{2}{5}\times\frac{3}{7}\times\frac{4}{9}+\cdots\cdots$$

例如,给指定精度的变量 eps 输入 0.00005 时,应当输出 pi=3.141480。

请改正程序中的错误,使其能得出正确结果。

注意:不要改动 main 函数,不得增行或删行,也不得更改程序的结构。

```
#include <conio.h>
#include <math.h>
#include <stdio.h>
double fun(double eps)
{
   double s, t;
   int n = 1;
   s = 0.0;
   t = 0;
   while (t <= eps)
     {
        s+= t;
        t = (t*n)/(2*n+1);
        n++;
     }
   return (s*2);
}
main()
{
```

```
    double x;
    printf("\nPlease enter a precision: ");
    scanf("%lf", &x);
    printf("\neps=%lf, Pi=%lf\n\n", x, fun(x));
}
```

二、程序填空题

以下程序的功能是计算 $S=\sum_{k=0}^{n}k!$ 的值。

注意：请勿改动主函数 main 和其他函数中的任何内容，仅在横线上填入所编写的若干表达式或语句。

```
#include <stdio.h>
long fun(int n)
{
    int i;
    long s;
    s = ____1____;
    for (i=1; i<=n; i++)
        s = ____2____;
    return s;
}
main()
{
    long s;
    int k, n;
    scanf("%d", &n);
    s = ____3____;
    for (k=0; k<=n; k++)
        s = ____4____;
    printf("%ld\n", s);
}
```

三、程序设计题

编写函数 fun，它的功能是：找出一维整型数组中元素最大的值和它所在的下标，最大值和它的下标通过形参传回。数组元素中的值已在主函数中赋予，主函数中 x 是数组名，n 是 x 中的数据个数，max 存放最大值，index 中存放最大值所在元素的下标。

注意：请勿改动主函数 main 和其他函数中的任何内容，仅在函数 fun 的花括号中填入所编写的若干语句。

```
#include <stdlib.h>
#include <stdio.h>
#include <string.h>
```

```
void fun ( int a[], int n, int *max, int *d )
{
}
main()
{
    int i, x[20], max, index, n=10;
    FILE *out;    /*申明一个文件指针 out,该指针指定了文件以写的方式打开*/
    for (i=0; i < n; i++)
      {
        x[i] = rand()%50;
        printf("%4d", x[i]) ;
      }
    printf("\n");
    fun( x, n , &max, &index);
    printf("Max= %5d, Index= %4d\n", max, index);
}
```

上机测试题(十五)参考答案

一、程序改错题

(1)t=0;改为 t=1.0;

(2)while(t<=eps)改为 while(t>=eps)

二、程序填空题

(1)1

(2)s*i 或 i*s

(3)0

(4)s+fun(k)或 fun(k)+s

三、程序设计题

```
void fun(int a[], int n,int *max, int *d)
{
   int i;
   *max=a[0];
   *d=0;
   for(i=0;i<n;i++)
     if(a[i]>*max)
       {
         *max=a[i];
         *d=i;
       }
```

```
}
```

上机测试题(十六)

一、程序改错题

已知一个数列从第0项开始的前三项分别为0、0、1,以后的各项都是其相邻的前三项之和。下列给定程序中,函数fun的功能是计算并输出该数列前n项的平方根之和sum。n的值通过形参传入。

例如,当n=20时,程序输出结果应为529.781801。

请改正程序中的错误,使程序能得出正确的结果。

注意:不要改动main函数,不得增行或删行,也不得更改程序的结构。

```
#include <conio.h>
#include <stdio.h>
#include <math.h>
double fun(int n)
{
    double sum, s0, s1, s2, s;
    int k;
    sum = 1.0;
    if (n <= 2)
      sum = 0.0;
    s0 = 0.0;
    s1 = 0.0;
    s2 = 1.0;
    for (k=4, k<=n, k++)
      {
        s = s0+s1+s2;
        sum+= sqrt(s);
        s0 = s1;
        s1 = s2;
        s2 = s;
      }
    return sum
}
main()
{
    int n;
    printf("Input N=");
    scanf("%d", &n);
```

```
    printf("%lf\n", fun(n));
}
```

二、程序填空题

请补充 fun 函数,其功能是求不超过给定自然数的各偶数之和。

请勿改动主函数 main 和其他函数中的任何内容,仅在 fun 函数的横线上填入所编写的若干表达式或语句。

```
#include <stdio.h>
int fun(int x)
{
    int i, s;
    s = ___1___;
    for (i=2; ___2___; i+=2)
        s+= i;
    return s;
}
main()
{
    int n;
    do
      {
        printf("\nPlease enter natural numbers n:");
        scanf("%d", &n);
        } while (n <= 0);
    printf("\n不超过给定自然数%d的各偶数之和为%d\n", n, fun(n));
}
```

三、程序设计题

请编写函数 fun,其功能是计算并输出给定 10 个数的方差。

$$S=\sqrt{\frac{1}{10}\sum_{k-1}^{10}(x_k-x')^2}\qquad 其中\qquad x'=\frac{1}{10}\sum_{x-1}^{10}x_k$$

例如,给定的 10 个数为 98.0,86.0,70.0,83.0,84.0,95.0,46.0,55.0,66.0,32.0,则输出为S=20.660348。

请勿改动主函数 main 和其他函数中的任何内容,仅在函数 fun 的花括号填入所编写的若干语句。

```
#include <stdio.h>
#include <math.h>
double fun(double x[10])
{

}
```

```
main()
{
    double s, x[10]= {98.0,86.0,70.0,83.0,84.0,95.0,46.0,55.0,66.0,32.0};
    int i;
    FILE *out;    /*申明一个文件指针out,该指针指定了文件以写的方式打开*/
    printf("\nThe original data is :\n");
    for (i=0;i<10;i++)
        printf("%6.1f",x[i]);
    printf("\n\n");
    s=fun(x);
    printf("s=%f\n\n",s);
    out=fopen ("out.dat", "w");          /*打开只写文件"outfile.dat"*/
    fprintf (out, "%f", s );             /*把s写入到outfile.dat这个文件里*/
    fclose (out );                       /*关闭文件指针out*/
}
```

上机测试题(十六)参考答案

一、程序改错题

(1)for (k=4, k<=n, k++)改为 for (k=4; k<=n; k++)

(2) return sum 改为 return sum;

二、程序填空题

(1)0

(2)i<=x 或 x>=i

三、程序设计题

```
double fun(double x[10])
{
    int i,j;
    double s=0.0,s1=0.0;
    for (i=0;i<10;i++)
        s1+=x[i];
    s1/=10;
    for (j=0;j<10;j++)
        s+=(x[j]-s1)*(x[j]-s1);
    s/=10;
    s=pow(s,0.5);
    return s;
}
```

上机测试题(十七)

一、程序改错题

以下给定程序中,函数 fun 的功能是:求出两个非 0 正整数的最大公约数并作为函数值返回。例如,num1 和 num2 分别输入 49 和 21,则输出的最大公约数为 7;若给 num1 和 num2 分别输入 27 和 81,则最大公约数为 27。

请改正程序中的错误,使其能得出正确结果。

注意:不要改动 main 函数,不得增行或删行,也不得更改程序的结构。

```
#include <stdio.h>
int fun(int a, int b)
{
    int r, t;
    if (a < b)
      {
        t = a;
        b = a;
        b = t;
      }
    r = a%b;
    while (r != 0)
      {
        a = b;
        b = r;
        r = a%b;
      }
    return (a);
}
main()
{
    int num1, num2, a;
    printf("Input num1 num2 : ");
    scanf("%d%d", &num1, &num2);
    printf("num1= %d num2= %d\n\n", num1, num2);
    a = fun(num1, num2);
    printf("The maximun common divisor is %d\n\n", a);
}
```

二、程序填空题

请补充 fun 函数,该函数的功能是:把主函数中输入的字符串 str2 接在字符串 str1 后面。

例如,str1="I am",str2="　a boy.",结果输出:"I am a boy."

注意:部分源程序给出如下,请勿改动主函数 main 和其他函数中的任何内容,仅在 fun 函数的横线上填入所编写的若干表达式或语句。

```
#include <stdio.h>
#include <conio.h>
#define N 40
void fun(char * str1, char * str2)
{
    int i = 0;
    char * p1 = str1;
    char * p2 = str2;
    while (______1______)
      i++;
    for (;______2______;i++)
      * (p1+i) = ______3______;
    * (p1+i) = '\0';
}
main()
{
    char str1[N], str2[N];
    int m, n, k;
    printf("******* Input the string str1 & str2 ******* \n ");
    printf(" \nstr1:");
    gets(str1);
    printf(" \nstr2:");
    gets(str2);
    printf("******* The string str1 & str2 ******* \n");
    puts(str1);
    puts(str2);
    fun(str1, str2);
    printf("******* The new string ******* \n");
    puts(str1);
}
```

三、程序设计题

请编写函数 fun,该函数的功能是移动字符串中的内容。移动的规则如下:把第 1 到第 m 个字符,平移到字符串的最后,把第 m+1 到最后的字符移到字符串的前部。

例如,字符串原有的内容为 ABCDEFGHIJK,m 的值为 3,移动后,字符串中的内容应该是 DEFGHIJKABC。

注意:部分源程序给出如下,请勿改动主函数 main 和其他函数中的任何内容,仅在函数

fun的花括号中填入所编写的若干语句。

```
#include <stdio.h>
#include <string.h>
#define N 80
void fun(char *w, int m)
{
}
main()
{
  char a[N]="ABCDEFGHIJK";
  int m;
  printf("The original string:\n");
  puts(a);
  printf("\n\nEnter m:");
  scanf("%d",&m);
  fun(a,m);
  printf("\nThe string after moving:\n");
  puts(a);
  printf("\n\n");
}
```

上机测试题(十七)参考答案

一、程序改错题

(1)b=a;改为a=b;

(2)return (a);改为return(b);

二、程序填空题

(1) *(p1+i)或p1[i]或*(p1+i)!=0或p1[i]!=0

(2) *p2或p2[0]或*p2!=0或p2[0]!=0

(3) *p2++

三、程序设计题

```
void fun(char *w,int m)
{
   char b[N];
   int i,j=0;
   for(i=0;i<m;i++)
   {
      b[j]=w[i];
      j++;
```

```
    }
  for (i=0;i<strlen(w)-m;i++)
      w[i]=w[i+m];
  for (j=0;j<m;j++)
      {
       w[i]=b[j];
       i++;
      }
   w[i]='\0';
}
```

上机测试题(十八)

一、程序改错题

下面程序的功能是求 e 的 n 次方的近似值。有以下公式：

$$e^x = 1 + x + \frac{x^2}{2!} + \frac{x^3}{3!} + \cdots$$

请改正函数 f1 和 f2 中的错误，使它能得出正确的结果。

```
#include <stdio.h>
float f2(int n)
{
 if(n=1)return 1;
  else return (f2(n-1) * n);
}
float f1 (int n)
{
 int i;
 float j=1.0;
 for(i=1;i<=n;i++)
          j=j * x;
return j;
}
main()
{
 float exp=1.0;
 int n, x;
 printf("Input a number:\n");
 scanf("%d", &x);
 exp+=x;
```

```
  for (n=2;n<=19;n++)
      exp=exp+(f1(x,n)/f2(n));
  printf("exp(%d)=%8.4f\n",x,exp);
}
```

二、程序填空题

从键盘输入一组无符号整数并保存在数组 xx[N]中，以整数 0 结束输入，要求这些数的最大位数不超过 4 位，其元素的个数通过变量 num 传入 fun 函数，该函数的功能是：从数组 xx 中找出个位和十位的数字之和大于 5 的所有无符号整数，结果保存在数组 yy，其中个数由 fun 函数返回。

例如，当 xx[8]={123,11,23,222,42,333,14,5451}时，bb[3]={42,333,5451}。

注意：部分源程序给出如下，请勿改动主函数 main 和其他函数中的任何内容，仅在 fun 函数的横线上填入所编写的若干表达式或语句。

```
#include <stdio.h>
#define N 1000
int fun(int xx[], int bb[], int num)
{
    int i, n = 0;
    int g, s;
    for (i=0; i<num; i++)
      {
        g = ____1____;
        s = xx[i]/10%10;
        if ((g+s) > 5)
        ____2____;
      }
    return ____3____;
}
main()
{
    int xx[N];
    int yy[N];
    int num = 0, n = 0, i = 0;
    printf("Input number :\n");
    do
      {
        scanf("%u", &xx[num]);
      } while (xx[num++] != 0);
    n = fun(xx, yy, num);
    printf("\nyy= ");
```

```
    for (i=0; i<n; i++)
        printf("%u ", yy[i]);
}
```

三、程序设计题

请编写函数 fun,其功能是:统计 s 所指字符串中的数字字符个数,并作为函数值返回。

例如,s 所指字符串中的内容是:2def35adh25 3kjsdf 7/kj8655x,函数 fun 返回值为:11。

注意:部分源程序给出如下,请勿改动主函数 main 和其他函数中的任何内容,仅在函数 fun 的花括号中填入所编写的若干语句。

```
#include <stdio.h>
int fun(char *s)
{

}
main()
{
    char *s="2def35adh25 3kjsdf 7/kj8655x";
    printf("%s\n",s);
    printf("%d\n",fun(s));
}
```

上机测试题(十八)参考答案

一、程序改错题

(1) if(n=1);改为 if(n==1);

(2) float f1 (int n)改为 float f1(int x,int n)

二、程序填空题

(1)xx[i]%10

(2)bb[n++]=xx[i]

(3)n

三、程序设计题

```
int fun(char *s)
{
    int n = 0, i;
    for (i = 0; s[i]; i++)
        if('0'<=s[i] && s[i] <= '9')
            ++n;
    return n;
}
```

上机测试题(十九)

一、程序改错题

下列给定程序中,函数 fun 的功能是:找出 100~n(不大于 1 000)三个位上的数字都相等的所有整数,把这些整数放在 s 所指数组中,个数作为函数值返回。

请改正函数 fun 中的错误,使它能得出正确的结果。

注意:不要改动 main 函数,不得增行或删行,也不得更改程序的结构。

```
#include <stdio.h>
#define N 100
int fun(int *s, int n)
{
    int i, j, k, a, b, c;
    j = 0;
    for (i=100; i<n; i++)
      {
        k = n;
        a = k%10;
        k /= 10;
        b = k/10;
        c = k/10;
        if (a==b && a==c)
          s[j++] = i;
      }
    return j;
}
main()
{
    int a[N], n, num = 0, i;
    do
      {
        printf("\nEnter n(<=1000): ");
        scanf("%d", &n);
      } while (n > 1000);
    num = fun(a, n);
    printf("\n\nThe result :\n");
    for (i=0; i<num; i++)
        printf("%5d", a[i]);
```

```
    printf("\n\n");
}
```

二、程序填空题

请补充 fun 函数，该函数的功能是：用来求出数组的最大元素在数组中的下标并存放在 k 所指的存储单元中。

例如，输入如下整数：876 675 896 101 301 401 980 431 451 777，则输出结果为 6，980。

请勿改动主函数 main 和其他函数中的任何内容，仅在 fun 函数的横线上填入所编写的若干表达式或语句。

```
#include <conio.h>
#include <stdio.h>
void fun(int *s, int t, int ____1____)
{
    int i, max;
    max = s[0];
    for (i=0; i<t; i++)
        if (____2____)
        {
            max = s[i];
            *k = ____3____;
        }
}
main()
{
    int a[10] = {876, 675, 896, 101, 301, 401, 980, 431, 451, 777}, k;
    fun(a, 10, &k);
    printf("%d, %d\n", k, a[k]);
}
```

三、程序设计题

请编写函数 fun，其功能是：将所有大于 1 小于整数 m 的非素数存入 xx 所指数组中，非素数的个数通过 k 传回。

例如，若输入 17，则应输出：9 和 4 6 8 9 10 12 14 15 16。

请勿改动主函数 main 和其他函数中的任何内容，仅在函数 fun 的花括号中填入所编写的若干语句。

```
#include <conio.h>
#include <stdio.h>
void fun( int m, int *k, int xx[] )
{
}
main()
```

```
{
    int m, n, zz[100];
    FILE *out;        /*申明一个文件指针out,该指针指定了文件以写的方式打开*/
    printf( "\nPlease enter an integer number between 10 and 100: " );
    scanf( "%d", &n );
    fun( n, &m, zz );
    printf( "\n\nThere are %d non-prime numbers less than %d: ", m, n );
    for ( n = 0; n < m; n++ )
        printf( " %4d", zz[n] );
    out=fopen("out.dat", "w");              /*打开只写文件"outfile.dat"*/
    fun( 28, &m, zz );
    fprintf(out, "%d\n", m);                /*把m写入到outfile.dat这个文件里*/
    for ( n = 0; n < m; n++ )
        fprintf(out, "%d\n", zz[n] );
    fclose(out);                            /*关闭文件指针out*/
}
```

上机测试题(十九) 参考答案

一、程序改错题

(1)k=n;改为k=i;

(2)b=k/10;改为b=k%10;

二、程序填空题

(1)*k

(2)s[i]>max

(3)i

三、程序设计题

```
void fun(int m,int *k,int xx[])
{
    int i,j;
    int t=0;
    for(i=2;i<m;i++)
      {
        j=2;
        while(j<i)
          {
            if(i%j==0)
              {
                xx[t]=i;
```

```
                t++;
                break;
              }
          j++;
        }
      *k=t;
    }
}
```

上机测试题(二十)

一、程序改错题

由 N 个有序整数组成的数列已存放在一维数组中，给定如下程序中函数 fun 的功能是：利用折半查找算法查找整数 m 在数组中的位置。若找到，返回其下标值；反之，返回－1。

折半查找的基本算法是：每次查找前先确定数组中待查的范围 low 和 high(low<high)，然后把 m 与中间位置(mid)中元素的值进行比较。如果 m 的值大于中间位置元素中的值，则下一次的查找范围落在中间位置之后的元素中；反之，下一次的查找范围落在中间位置之前的元素中。直到 low>high，查找结束。

请改正程序中的错误，使它能得出正确结果。

注意：不要改动 main 函数，不得增行或删行，也不得更改程序的结构。

```
#include <stdio.h>
#define N 10
void fun(int a[], int m )
{
    int low=0,high=N-1,mid;
    while(low<=high)
      {
        mid=(low+high)/2;
        if(m<a[mid])
            high=mid-1;
        else if(m > a[mid])
             low=mid-1;
        else return (mid);
      }
    return(-1);
}
main()
{
    int i,a[N]={-3,4,7,9,13,45,67,89,100,180 },k,m;
```

```
    printf("a 数组中的数据如下:");
    for (i=0;i<N;i++)
        printf("%d ", a[i]);
    printf("Enter m: "); scanf("%d",&m);
    k=fun(a,m);
    if(k >=0)
        printf("m=%d,index=%d\n",m,k);
    else
        printf("Not be found! \n");
}
```

二、程序填空题

请补充min函数,该函数的功能是:计算单向循环链表first中每3个相邻结点数据域中值的和,返回其中最小的和。

注意:仅在横线上填入所编写的若干表达式或语句,勿改动函数中的其他任何内容。

```
#include <stdio.h>
struct node
{int data;
 struct node *link;
};
int min(struct node *first)
{ struct node *p=first;
 int m, n=p->data+p->link->data+p->link->link->data;
 for(p=p->link;p!=first;p=_____1_____)
    {m=p->data+p->link->data+p->link->link->data;
     if(_____2_____)
         n=m;
    }
  return(n);
}
main()
{struct node a[10];
 int i;
 for (i=0;i<=9;i++)
    {scanf("%d",&a[i].data);
     if(i<9)
       a[i].link=&a[i+1];
    else
        a[i].link=_____3_____;
    }
```

```
printf("min=%d",min (a));
}
```

三、程序设计题

请编写函数 fun，该函数的功能是：实现 B＝A＋A'，即把矩阵 A 加 A 的转置，存放在矩阵 B 中。计算结果在 main 函数中输出。

例如，输入下面的矩阵：　　　　其转置矩阵为：

```
        1  2  3          1  4  7
        4  5  6          2  5  8
        7  8  9          3  6  9
```

则程序输出：

```
     2   6  10
     6  10  14
    10  14  18
```

注意：部分源程序给出如下，请不要改动主函数 main 各其他函数中的任何内容，仅在函数 fun 的花括号中填入所编写的若干语句。

```
#include <conio.h>
#include <stdio.h>
void fun ( int a[3][3], int b[3][3])
{
}
main( )
{
    int a[3][3]={{1, 2, 3}, {4, 5, 6}, {7, 8, 9}}, t[3][3] ;
    int i, j ;
    FILE *out;        /*申明一个文件指针 out,该指针指定了文件以写的方式打开*/
    fun(a, t) ;
    out=fopen("out.dat", "w");              /*打开只写文件"outfile.dat"*/
    for (i = 0 ; i < 3 ; i++)
      {
        for(j = 0 ; j < 3 ; j++)
          {
            printf("%7d", t[i][j]) ;
            fprintf(out, "%7d", t[i][j]);/*把 t[i][j]写入到 outfile.dat 这个文件里*/
          }
        printf("\n") ;
        fprintf(out, "\n");
      }
    fclose(out);            /*关闭文件指针 out*/
}
```

上机测试题(二十)参考答案

一、程序改错题

(1)void fun(int a[], int m) 改为 fun(int a[],int m)

(2) low＝mid－1;改为 low＝mid＋1;

二、程序填空题

(1) p－>link

(2) n>＝m

(3) &a[0]

三、程序设计题

```
void fun( int a[3][3],int b[3][3])
{
    int i,j,at[3][3];
    for (i=0;i<=2;i++)
        for (j=0;j<=2;j++)
            at[i][j]=a[j][i];
    for (i=0;i<3;i++)
        for (j=0;j<3;j++)
            b[i][j]=a[i][j]+at[i][j];
}
```

第四部分　模拟试卷及参考答案

模拟试卷(一)

一、选择题(1 - 10 每小题 1 分,11 - 40 每小题 2 分,共 70 分)

1. 下列叙述中错误的是________。

A)一个 C 语言程序只能实现一种算法

B)C 语言程序可以由多个程序文件组成

C)C 语言程序可以由一个或多个函数组成

D)一个 C 语言函数可以单独作为一个 C 语言程序文件存在

2. 下列叙述中错误的是________。

A)每个 C 语言程序中都必须有一个 main()函数

B)在 C 语言程序中 main()函数的位置是固定的

C)C 语言程序可以由一个或多个函数组成

D)在 C 语言程序的函数中不能定义另一个函数

3. 下列定义变量的语句中错误的是________。

A)int _int;　　B)double int_;　　C)char For;　　D)float USS

4. 若变量 x、y 已正确定义并赋值,以下符合 C 语言语法的表达式是________。

A)++x,y=x--　　B)x+1=y　　C)x=x+10=x+y　　D)double(x)/10

5. 以下关于逻辑运算符两侧运算对象的叙述中正确的是________。

A)只能是整数 0 或 1　　B)只能是整数 0 或非 0 的整数

C)可以是结构体类型的数据　　D)可以是任意合法的表达式

6. 若有定义"int x,y;"并已正确给变量赋值,则以下选项中与表达式(x-y)?(x++):(y++)中的条件表达式(x-y)等价的是________。

A)(x-y>0)　　B)(x-y<0)　　C)(x-y<||x-y>0)　　D)(x-y==0)

7. 有以下程序:

```
#include <stdio.h>
main()
{ int x,y,z;
  x=y=1;
  z=x++,y++,++y;
  printf("%d,%d,%d\n",x,y,z);
}
```

程序运行后的输出结果是________。

A)2,3,3　　B)2,3,2　　C)2,3,1　　D)2,2,1

8. 设有定义:"int a;float b;"执行"scanf("%2d%f",&a,&b);"语句时,若从键盘输入876 543.0,a和b的值分别是________。

A)876和543.000000　　B)87和6.000000

C)87和543.000000　　D)76和543.000000

9. 有以下程序:

```
#include <stdio.h>
main()
{ int a=0,b=0;
  a=10;                          /* 给a赋值 */
  b=20;                          /* 给b赋值 */
  printf("a+b=%d\n",a+b);        /* 输出计算结果 */
}
```

程序运行后输出结果是________。

A)a+b=0　　B)a+b=30　　C)30　　D)出错

10. 在嵌套使用if语句时,C语言规定else总是________。

A)和之前与其具有相同缩进位置的if配对

B)和之前与其最近的if配对

C)和之前与其最近的且不带else的if配对

D)和之前的第一个if配对

11. 下列叙述中正确的是________。

A)break语句只能用于switch语句

B)在switch语句中必须使用default

C)break语句必须与switch语句中的case配对使用

D)在switch语句中,不一定使用break语句

12. 有以下程序:

```
#include <stdio.h>
main()
{ int k=5;
  while(--k)  printf("%d",k-=3);
  printf("\n");
}
```

执行后的输出结果是________。

A)1　　B)2　　C)4　　D)死循环

13. 有以下程序:

```
#include <stdio.h>
main()
{ int i;
  for(i=1;i<=40;i++)
  { if(i++%5==0)
```

```
    if(++i%8==0)  printf("%d",i);
  }
  printf("\n");
}
```

执行后的输出结果是________。

A)5　　B)24　　C)32　　D)40

14. 以下选项中,值为 1 的表达式是________。

A)1－'0'　　B)1－'\0'　　C)'1'－0　　D)'\0'－'0'

15. 有以下程序:

```
#include <stdio.h>
fun(int x,int y)
{return(x+y);
}
main()
{ int a=1,b=2,c=3,sum;
  sum=fun((a++,b++,a+b),c++);
  printf("%d\n",sum);
}
```

执行后的输出结果是________。

A)6　　B)7　　C)8　　D)9

16. 有以下程序:

```
#include <stdio.h>
main()
{ char *s= "abcde";
  s+=2;
  printf("%d\n",s[0]);
}
```

执行后的结果是________。

A)输出字符 a 的 ASCII 码　　B)输出字符 c 的 ASCII 码

C)输出字符 c　　D)程序出错

17. 有以下程序:

```
#include <stdio.h>
fun(int x,int y)
{ static int m=0,i=2;
  i+=m+1;  m=i+x+y;  return m;
}
main()
{ int j=1,m=j,k;
  k=fun(j,m); printf("%d,",k);
```

```
  k=fun(j,m); printf("%d\n",k);
}
```

执行后的输出结果是________。

A)5,5　　B)5,11　　C)11,11　　D)11,5

18. 有以下程序：

```
#include <stdio.h>
fun(int x)
{ int p;
  if(x==0||x==1)  return(3);
  p=x-fun(x-2);
  return p;
}
main()
{ printf("%d\n",fun(7));
}
```

执行后的输出结果是________。

A)7　　B)3　　C)2　　D)0

19. 在16位编译系统上，若有定义"int a[]={10,20,30}，* p=&a;"，当执行"p++;"后，下列说法错误的是________。

A)p向高地址移了一个字节　　B)p向高地址移了一个存储单元

C)p向高地址移了两个字节　　D)p与a+1等价

20. 有以下程序

```
#include <stdio.h>
main()
{ int a=1,b=3,c=5;
  int *p1=&a, *p2=&b, *p=&c;
  *p=*p1*(*p2);
  printf("%d\n",c);
}
```

执行后的输出结果是________。

A)1　　B)2　　C)3　　D)4

21. 若有定义：int w[3][5];，则以下不能正确表示该数组元素的表达式是________。

A) *(*w+3)　　B) *(w+1)[4]　　C) *(*(w+1))　　D) *(&w[0][0]+1)

22. 若有以下函数首部：

int fun(double x[10],int *n)

则下面针对此函数声明语句中正确的是________。

A)int fun(double x,int *n);　　B)int fun(double ,int);

C)int fun(double *x,int n);　　D)int fun(double *,int *);

23. 若有定义语句："int k[2][3]，*pk[3];"，则以下语句中正确的是________。

A)pk＝k;　　B)pk[0]＝&k[1][2];

C)pk＝k[0];　　D)pk[1]＝k;

24. 有以下程序：

```
#include <stdio.h>
void change(int k[])
{k[0]=k[5];
}
main()
{ int x[10]={1,2,3,4,5,6,7,8,9,10},n=0;
  while(n<=4){change(&x[n]);n++;}
  for(n=0;n<5;n++)printf("%d ",x[n]);
  printf("\n");
}
```

程序运行后输出的结果是________。

A)6 7 8 9 10　　B)1 3 5 7 9　　C)1 2 3 4 5　　D)6 2 3 4 5

25. 若要求定义具有 10 个 int 型元素的一维数组 a，则以下定义语句中错误的是________。

A)
```
#define N 10
int a[N];
```
B)
```
#define n 5
int a[2*n];
```
C)int a[5+5];　　D)int n=10,a[n];

26. 有以下程序：

```
#include <stdio.h>
main()
{ int x[3][2]={0},i;
  for(i=0;i<3;i++)scanf("%d",x[i]);
  printf("%3d%3d%3d\n",x[0][0],x[0][1],x[1][0]);
}
```

若运行时输入 2 4 6↙，则输出结果为________。

A)2 0 0　　B)2 0 4　　C)2 4 0　　D)2 4 6

27. 有以下程序：

```
#include <stdio.h>
main()
{ char s[]={"aeiou"},*ps;
  ps=s;   printf("%c\n",*ps+4);
}
```

程序运行后的输出结果是________。

A)a　　B)e　　C)u　　D)元素 s[4]的地址

28. 以下语句中存在语法错误的是________。

A)char ss[6][20]; ss[1]= "right?";

B)char ss[][20]={"right?"};

C)char * ss[6]; ss[1]="right?";

D)char * ss[]={"right?"};

29.若有定义:char * x="abcdefghi";,以下选项中正确运用了 strcpy 函数的是________。

A)char y[10]; strcpy(y,x[4]);

B)char y[10]; strcpy(++y,&x[1]);

C)char y[10],*s; strcpy(s=y+5,x);

D)char y[10],*s; strcpy(s=y+1,x+1);

30.有以下程序:

```
#include <stdio.h>
int add(int a,int b)
{return(a+b);
}
main()
{ int k,(*f)(),a=5,b=10;
  f=add;
  …
}
```

则以下函数调用语句错误的是________。

A)k=(*f)(a,b);　B)k=add(a,b);　C)k=*f(a,b);　D)k=f(a,b);

31.有以下程序:

```
#include <stdio.h>
#include <string.h>
main(int argc, char *argv[])
{ int i=1, n=0;
  while(i<argc){n=n+strlen(argv[i]); i++;}
  printf("%d\n",n);
}
```

该程序生成的可执行文件名为"proc.exe"。若运行时输入命令行:

proc 123 45 67↙

则程序的输出结果是________。

A)3　B)5　C)7　D)11

32.有以下程序:

```
#include <stdio.h>
void fun2(char a, char b)
{printf("%c %c",a,b);
}
char a= 'A', b='B';
```

```
void fun1()
{ a= 'C';  b='D';
}
main()
{ fun1();
  printf("%c %c",a,b); fun2('E', 'F');
}
```

程序的运行结果是________。

A)C D E F　　B)A B E F　　C)A B C D　　D)C D A B

33.有以下程序：

```
#include <stdio.h>
#define  N  5
#define  M  N+1
#define  f(x)  (x*M)
main()
{ int i1,i2;
  i1=f(2);
  i2=f(1+1);
  printf("%d %d\n",i1,i2);
}
```

程序的运行结果是________。

A)12 12　　B)11 7　　C)11 11　　D)12 7

34.设有以下语句：

```
typedef struct TT
{ char c; int a[4];}CIN;
```

则下面叙述中正确的是________。

A)可以用 TT 定义结构体变量　　B)TT 是 struct 类型的变量

C)可以用 CIN 定义结构体变量　　D)CIN 是 struct TT 类型的变量

35.有以下结构体说明、变量定义和赋值语句：

```
struct STD
{ char name[10];
  int age;
  char sex;
}s[5], *ps;
ps=&s[0];
```

则以下 scanf 函数调用语句中错误引用结构体变量成员的是________。

A)scanf("%s", s[0].name);　　B)scanf("%d", &s[0].age);

C)scanf("%c", &(ps->sex));　　D)scanf("%d", ps->age);

36.若有以下定义和语句：

```
union data
{ int i; char c; float f;}x;
int y;
```

则以下语句正确的是________。

A)x=10.5;　　B)x.c=101;　　C)y=x;　　D)printf("%d\n", x);

37. 程序中已构成如下图所示的不带头结点的单向链表结构，指针变量 s、p、q 均已正确定义，并用于指向链表结点，指针变量 s 总是作为头指针指向链表的第一个结点。

data

若有以下程序段：

```
q=s;   s=s->next;   p=s;
while(p->next)    p=p->next;
p->next=q;    q->next=NULL;
```

该程序段实现的功能是________。

A)首结点成为尾结点　　B)尾结点成为首结点

C)删除首结点　　D)删除尾结点

38. 若变量已正确定义，则以下语句的输出结果是________。

```
s=32;   s∧=32;   printf("%d",s);
```

A)-1　　B)0　　C)1　　D)32

39. 以下叙述中正确的是________。

A)C 语言中的文件是流式文件，因此只能顺序存取数据

B)打开一个已存在的文件并进行了写操作后，原有文件中的全部数据必定被覆盖

C)在一个程序中当对文件进行了写操作后，必须先关闭该文件然后再打开，才能读到第 1 个数据

D)当对文件的读(写)操作完成之后，必须将它关闭，否则可能导致数据丢失

40. 有以下程序：

```
#include <stdio.h>
main()
{ FILE *fp; int i;
  char ch[]="abcd", t;
  fp=fopen("abc.dat", "wb+");
  for(i=0; i<4; i++)fwrite(&ch[i],1,1,fp);
  fseek(fp,-2L,SEEK_END);
  fread(&t,1,1,fp);
  fclose(fp);
  printf("%c\n",t);
}
```

程序执行后的输出结果是________。

A)d　　B)c　　C)b　　D)a

二、填空题(每空 2 分,共 30 分)

1.设有定义:"float x=123.4567;",则执行以下语句后的输出结果是________。

printf("%f\n", (int)(x*100+0.5)/100.0);

2.以下程序运行后的输出结果是________。

```
#include <stdio.h>
main()
{ int m=011,n=11;
  printf("%d %d\n",++m,n++);
}
```

3.以下程序运行后的输出结果是________。

```
#include <stdio.h>
main()
{ int  x, a=1, b=2, c=3, d=4;
  x=(a<b)? a:b; x=(x<c)? x:c;  x=(d>x)? x:d;
  printf("%d\n",x);
}
```

4.有以下程序,若运行时从键盘输入 18,11↙,则程序输出结果是________。

```
#include <stdio.h>
main()
{ int a,b;
  printf("Enter a,b:");  scanf("%d,%d",&a,&b);
  while(a!=b)
  { while(a>b)a-=b;
    while(b>a)b-=a;
  }
  printf("%3d%3d\n",a,b);
}
```

5.以下程序的功能是:将输入的正整数按逆序输出。例如,若输入 135,则输出 531。请填空。

```
#include <stdio.h>
main()
{  int n,s;
   printf("Enter a number:"); scanf("%d",&n);
   printf("Output: ");
   do
   {  s=n%10; printf("%d",s); ________;}
      while(n!=0);
      printf("\n");
```

```
}
```

6. 以下程序中，函数 fun 的功能是计算 x^2-2x+6，主函数中将调用 fun 函数计算：

$y1=(x+8)^2-2(x+8)+6$，$y2=\sin^2(x)-2\sin(x)+6$，请填空。

```
#include "math.h"
#include <stdio.h>
double fun(double   x) { return(x*x-2*x+6); }
main()
{   double x,y1,y2;
    printf("Enter x:");    scanf("%lf",&x);
    y1=fun(________________);
    y2=fun(________________);
    printf("y1=%lf, y2=%lf\n", y1, y2);
}
```

7. 下面程序的功能是：将 N 行 N 列二维数组中每一行的元素进行排序，第 0 行从小到大排序，第 1 行从大到小排序，第 2 行从小到大排序，第 3 行从大到小排序。例如：

当 $A=\begin{Bmatrix} 2 & 3 & 4 & 1 \\ 8 & 6 & 5 & 7 \\ 11 & 12 & 10 & 9 \\ 15 & 14 & 16 & 13 \end{Bmatrix}$，则排序后 $A=\begin{Bmatrix} 1 & 2 & 3 & 4 \\ 8 & 7 & 6 & 5 \\ 9 & 10 & 11 & 12 \\ 16 & 15 & 14 & 13 \end{Bmatrix}$，请填空。

```
#define N 4
void sort (int a[ ][N])
{ int i, j, k, t;
  for (i=0; i<N; i++)
  for(j=0; j<N-1; j++)
    for(k=________________; k<N; k++)
      /*判断下标是否为偶数来确定按升序或降序来排列*/
      if(________________? a[i][j]<a[j][k]:a[i][j]>a[i][k])
      { t=a[i][j];
        a[i][j]=a[i][k];
          a[i][k]=t;
      }
}
void outarr(int a[N][N])
{   ......   }
main()
{ int aa[N][N]={{2,3,4,1},{8,6,5,7},{11,12,10,9},{15,14,16,13}};
  outarr(aa);      /*以矩阵的形式输出二维数组*/
  sort(aa);
  outarr(aa);
```

```
}
```

8. 下列程序中的函数 strcpy2()实现字符串两次复制，即将 t 所指字符串复制两次到 s 所指内存空间中，合并形成一个新的字符串。例如，若 t 所指字符串为 efgh，调用 strcpy2 后，s 所指字符串为 efghefgh。请填空。

```
#include <stdio.h>
#include <string.h>
void strcpy2(char *s,char *t)
{ char *p=t;
  while(*s++= *t++);
  s= ________ ;
  while(________ = *p++);
}
main()
{ char str1[100]="abcd",str2[]="efgh";
  strcpy2(str1 ,str2);  printf("%s\n",str1);
}
```

9. 下面程序的运行结果是________。

```
#include <stdio.h>
int f(int a[ ],int n)
{   if(n>1)
      return a[0]+f(a+1,n-1);
    else
      return a[0];
}
main()
{   int aa[10]={1,2,3,4,5,6,7,8,9,10}, s;
    s=f(aa+2,4); printf("%d\n",s);
}
```

10. 下面程序由两个源文件 t4.h 和 t4.c 组成，程序编译运行的结果是________。

```
/*   t4.h 的源程序   */
#define N   10
#define f2(x)  (x*N)
/*   t4.c 的源程序   */
#include <stdio.h>
#define M 8
#define f(x)   ((x)*M)
#include  "t4.h"
main()
{ int i,j;
```

```
    i=f(1+1); j=f2(1+1);
    printf("%d %d\n",i,j);
}
```

11. 下面程序的功能是建立一个有 3 个节点的单向循环链表，然后求各个节点数值域 data 中的数据之和，请填空。

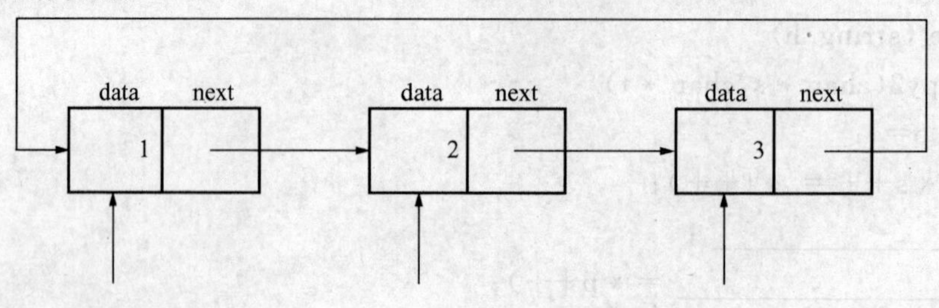


```
#include    <stdio.h>
#include    <stdlib.h>
struct NODE { int data;
              struct NODE  *next;
            };
main()
{ struct NODE *p, *q, *r;
  int sum=0;
  p=(struct NODE *)malloc(sizeof(struct NODE));
  q=(struct NODE *)malloc(sizeof(struct NODE));
  r=(struct NODE *)malloc(sizeof(struct NODE));
  p->data=100; q->data=200; r->data=200;
  p->next=q;    q->next=r;    r->next=p;
  sum=p->data+p->next->data+________________;
  printf("%d\n",sum);
}
```

12. 有以下程序，其功能是：以二进制“写”方式打开文件“d1.dat”，写入 1～100 这 100 个整数后关闭文件。再以二进制“读”方式打开文件“d1.dat”，将这 100 个整数读入另一个数组 b 中，并打印输出，请填空。

```
#include <stdio.h>
main()
{   FILE *fp;
    int  i,a[100],b[100];
    fp=fopen("d1.dat","wb");
    for(i=0;i<100;i++)a[i]=i+1;
    fwrite(a,sizeof(int),100,fp);
    fclose(fp);
    fp=fopen("d1.dat",________________);
```

```
    fread(b,sizeof(int),100,fp);
    fclose(fp);
    for(i=0;i<100;i++)printf("%d\n",b[i]);
}
```

模拟试卷(一)参考答案

一、选择题(1-10 每小题 1 分,11-40 每小题 2 分,共 70 分)

1. A;	2. B;	3. D;	4. A;	5. D;
6. A;	7. C;	8. B;	9. B;	10. C;
11. D;	12. A;	13. C;	14. B;	15. C;
16. B;	17. B;	18. C;	19. A;	20. C;
21. B;	22. D;	23. B;	24. A;	25. D;
26. B;	27. B;	28. A;	29. C;	30. C;
31. C;	32. A;	33. B;	34. C;	35. D;
36. B;	37. A;	38. B;	39. D;	40. B。

二、填空题(每空 2 分,共 30 分)

1. 123.460 000
2. 10 11
3. 1
4. 1 1
5. n/=10 或 n=n/10;
6. x+8　　sin(x)
7. j+1　　i%2 或 i%2==1
8. s-1　　*s++
9. 18
10. 16 11
11. q->next->data 或 r->data
12. "rb"

模拟试卷(二)

一、选择题(1-10 每小题 1 分,11-40 每小题 2 分,共 70 分)

1. 算法中,对需要执行的每一步操作,必须给出清楚、严格的规定,这属于算法的________。

A)正当性　　B)可行性　　C)确定性　　D)有穷性

2. 下列叙述中错误的是________。

A)计算机不能直接执行用 C 语言编写的源程序

B)C 程序经 C 编译程序编译后,生成后缀为.obj 的文件是一个二进制文件

C)后缀为.obj 的文件,经连接程序生成后缀为.exe 的文件是一个二进制文件

D)后缀为.obj 和.exe 的二进制文件都可以直接运行

3. 按照C语言规定的用户标识符命名规则,不能出现在标识符中的是________。

A)大写字母　　B)连接符　　C)数字字符　　D)下划线

4. 以下叙述中错误的是________。

A)C语言是一种结构化程序设计语言

B)结构化程序有顺序、分支、循环三种基本结构组成

C)使用三种基本结构构成的程序只能解决简单问题

D)结构化程序设计提倡模块化的设计方法

5. 对于一个正常运行的C程序,以下叙述中正确的是________。

A)程序的执行总是从 main 函数开始,在 main 函数结束

B)程序的执行总是从程序的第一个函数开始,在 main 函数结束

C)程序的执行总是从 main 函数开始,在程序的最后一个函数中结束

D)程序的执行总是从程序的第一个函数开始,在程序的最后一个函数中结束

6. 设变量均已正确定义,若要通过“scanf("%d%c%d%c",&a1,&c1,&a2,&c2);”语句为变量 a1 和 a2 赋数值 10 和 20,为变量 c1 和 c2 赋字符 X 和 Y。以下所示的输入形式中正确的是(注:□代表空格字符)________。

A)10□X□20□Y↙　　B)10□X20□Y↙

C)10□X↙
20□Y↙　　D)10X↙
20Y↙

7. 若有代数式 $\sqrt{|n^x+e^x|}$ (e仅代表自然对数的底数,不是变量),则以下能够正确表示该代数式的C语言表达式是________。

A)sqrt(abs(n∧x+e∧x))　　B)sqrt(fabs(pow(n,x)+pow(x,e)))

C)sqrt(fabs(pow(n,x)+exp(x)))　　D)sqrt(fabs(pow(x,n)+exp(x)))

8. 设有定义:“int k=0;”,以下选项的四个表达式中与其他三个表达式的值不相同的是________。

A)k++　　B)k+=1　　C)++k　　D)k+1

9. 有以下程序,其中%u表示按无符号整数输出。

```
#include <stdio.h>
main()
{   unsigned int x=0xFFFF;    /* x的初值为十六进制数 */
    printf("%u\n ",x);
}
```

程序运行后的输出结果是________。

A)-1　　B)65535　　C)32767　　D)0xFFFF

10. 设变量 x 和 y 均已正确定义并赋值,以下 if 语句中,在编译时将产生错误信息的是________。

A)if(x++);　　B)if(x>y&&y!=0);

C)if(x>y)x--　　D)if(y<0){;}

else y++;　　　　　　　　　　　　else x++;

11. 以下选项中，当 x 为大于 1 的奇数时，值为 0 的表达式是________。

A) x%2==1　　B) x/2　　C) x%2!=0　　D) x%2==0

12. 以下叙述中正确的是________。

A) break 语句只能用于 switch 语句体中

B) continue 语句的作用是：使程序的执行流程跳出包含它的所有循环

C) break 语句能用在循环体内和 switch 语句体内

D) 在循环体内使用 break 语句和 continue 语句的作用相同

13. 有以下程序：

```
#include <stdio.h>
main()
{ int k=5,n=0;
  do
  { switch(k)
    { case 1:
      case 3:n+=1; k--; break;
      default:n=0; k--;
      case 2:
      case 4:n+=2; k--; break;
    }
    printf("%d",n);
  }while(k>0 && n<5);
}
```

程序运行后的输出结果是________。

A) 235　　B) 0235　　C) 02356　　D) 2356

14. 有以下程序：

```
#include <stdio.h>
main()
{ int i,j;
  for(i=1; i<4; i++)
  { for(j=i; j<4; j++)   printf("%d*%d =%d ",i,j,i*j);
    printf("\n");
  }
}
```

程序运行后的输出结果是________。

A) 1*1=1　1*2=2　1*3=3
2*1=2　2*2=4
3*1=3

B) 1*1=1　1*2=2　1*3=3
2*2=4　2*3=6
3*3=9

C) 1*1=1

D) 1*1=1

1＊2=2　2＊2=4　　　　　　　　　　2＊1=2　2＊2=4

1＊3=3　2＊3=6　3＊3=9　　　　　3＊1=3　3＊2=6　3＊3=9

15. 以下合法的字符型常量是________。

A)'\x13'　　B)'\018 '　　C)'65 '　　D)"\n "

16. 在C语言中，函数返回值的类型最终取决于________。

A)函数定义时在函数首部所说明的函数类型

B)return语句中表达式值的类型

C)调用函数时主函数所传递的实参类型

D)函数定义时形参的类型

17. 已知大写字母A的ASCII码是65，小写字母a的ASCII码是97，以下不能将变量c中大写字母转换为对应小写字母的语句是________。

A)c=(c-'A')+'a'　　B)c=c+32　　C)c=c-'A'+'a'　　D)c=('A'+c)-'a'

18. 有以下函数：

```
int fun(char *s)
{  char *t=s;
   while(*t++);
   return(t-s);
}
```

该函数的功能是________。

A)比较两个字符的大小　　B)计算s所指字符串占用内存字节的个数

C)计算s所指字符串的长度　　D)将s所指字符串复制到字符串t中

19. 设已有定义："float x;"，则以下对指针变量p进行定义且赋初值的语句中正确的是________。

A)float *p=1024;　　B)int *p=(float x);　　C)float p=&x;　　D)float *p=&x;

20. 有以下程序：

```
#include  <stdio.h>
main()
{  int n, *p=NULL;
    *p=&n;
   printf("Input n: "); scanf("%d",&p); printf("output n:"); printf("%d \n " ,p);
}
```

该程序试图通过指针p为变量n读入数据并输出，但程序有多处错误，以下语句正确的是________。

A)int n, *p=NULL;　　B) *p=&n;

C)scanf("%d" ,&p)　　D)printf("%d \n " ,p);

21. 以下程序中函数f的功能是：当flag为1时，进行由小到大排序；当flag为0时，进行由大到小排序。

```
#include <stdio.h>
void f(int b[],int n,int flag)
```

```
{ int i,j,t;
  for(i=0;i<n-1;i++)
      for (j=i+1;j<n;j++)
        if(flag? b[i]>b[j]:b[i]<b[j]){ t= b[i]; b[i]= b[j]; b[j]=t; }
}
main()
{ int a[10]={5,4,3,2,1,6,7,8,9,10}, i;
  f(&a[2],5,0); f(a,5,1);
  for(i=0;i<10;i++)   printf("%d,",a[i]);
}
```

程序运行后的输出结果是________。

A)1,2,3,4,5,6,7,8,9,10,　　B)3,4,5,6,7,2,1,8,9,10,

C)5,4,3,2,1,6,7,8,9,10,　　D)10,9,8,7,6,5,4,3,2,1,

22. 有以下程序：

```
#include <stdio.h>
void f(int b[])
{ int i;
  for(i=2;i<6;i++)b[i] *=2;
}
main()
{ int a[10]={1,2,3,4,5,6,7,8,9,10},i;
  f(a);
  for(i=0;i<10;i++)printf("%d,",a[i]);
}
```

程序运行后的输出结果是________。

A)1,2,3,4,5,6,7,8,9,10,　　B)1,2,6,8,10,12,7,8,9,10,

C)1,2,3,4,10,12,14,16,9,10,　　D)1,2,6,8,10,12,14,16,9,10,

23. 有以下程序：

```
#include <stdio.h>
typedef struct{int b,p;} A;
void f(A c)             /* 注意:c是结构变量名 */
{ int j;
  c.b+=1; c.p+=2;
}
main()
{ int i;
  A   a={1,2};
  f(a);
  printf("%d,%d\n",a.b,a.p);
```

```
}
```

程序运行后的输出结果是________。

A)2,3　　B)2,4　　C)1,4　　D)1,2

24. 有以下程序：

```
#include <stdio.h>
main()
{ int a[4][4]={{1,4,3,2},{8,6,5,7},{3,7,2,5},{4,8,6,1}},i,j,k,t;
  for(i=0;i<4;i++)
     for(j=0;j<3;j++)
        for(k=j+1;k<4;k++)
           if(a[j][i]>a[k][i]){t=a[j][i];a[j][i]=a[k][i];a[k][i]=t;}/*按列排序*/
     for(i=0;i<4;i++)printf("%d,",a[i][j]);
}
```

程序运行后的输出结果是________。

A)1,2,5,7,　　B)8,7,3,1,　　C)4,7,5,2,　　D)1,6,2,1,

25. 有以下程序：

```
#include <stdio.h>
main()
{ int a[4][4]={{1,4,3,2,},{8,6,5,7,},{3,7,2,5,},{4,8,6,1,}},i,k,t;
  for(i=0;i<3;i++)
  for(k=i+i;k<4;k++)  if(a[i][i]<a[k][k]){t=a[i][i]; a[i][i]=a[k][k]; a[k][k]=t;}
  for(i=0;i<4;i++)printf("%d,",a[0][i]);
}
```

程序运行后的输出结果是________。

A)6,2,1,1,　　B)6,4,3,2,　　C)1,1,2,6,　　D)2,3,4,6,

26. 有以下程序：

```
#include <stdio.h>
void f(int *p)
{ int i=0;
  for( ;i<5;i++)(*p)++;
}
main()
{ int a[5]={1,2,3,4,5}, i;
  f(a);
  for(i=0;i<5;i++)printf("%d,",a[i]);
}
```

程序运行后的输出结果是________。

A)2,2,3,4,5,　　B)6,2,3,4,5,　　C)1,2,3,4,5,　　D)2,3,4,5,6,

27. 有以下程序：

```
#include <stdio.h>
#include  <string.h>
main()
{ char  p[20]={ 'a', 'b', 'c', 'd'},q[ ]="abc", r[ ]="abcde";
  strcpy(p+strlen(q),r);    strcat(p,q);
  printf("%d %d\n",sizeof(p),strlen(p));
}
```

程序运行后输出的结果是________。

A)20 9　　B)9 9　　C)20 11　　D)11 11

28. 有以下程序：

```
#include <stdio.h>
#include <string.h>
main()
{ char p[20]={ 'a', 'b', 'c', 'd'},q[ ]="abc",r[]="abcde";
  strcat(p,r);    strcpy(p+strlen(q),q);
  printf("%d\n",strlen(p));
}
```

程序运行后的输出结果是________。

A)9　　B)6　　C)11　　D)7

29. 有以下程序：

```
#include <stdio.h>
#include <string.h>
void f(char p[][10], int n)/*字符串从小到大排序*/
{ char t[10];     int i,j;
  for(i=0;i<n-1;i++)
      for(j=i+1;j<n;j++)
      if(strcmp(p[i],p[j])>0)  {strcpy(t,p[i]); strcpy(p[i],p[j]);strcpy(p[j],t);}
}
main()
{ char p[5][10]={ "abc","aabdfg","abbd","dcdbe","cd"};
  f(p,5);
  printf("%d\n",strlen(p[0]));
}
```

程序运行后的输出结果是________。

A)2　　B)4　　C)6　　D)3

30. 有以下程序：

```
#include <stdio.h>
void f(int n, int *r)
```

```
{ int r1=0;
  if(n%3==0)        r1=n/3;
  else  if(n%5==0)  r1=n/5;
  else  if(--n,&r1);
  *r=r1;
}
main()
{ int m=7,r;
  f(m,&r); printf("%d\n ",r);
}
```

程序运行后的输出结果是________。

A)2　　B)1　　C)3　　D)0

31.有以下程序:

```
#include <stdio.h>
main(int argc,char *argv[])
{ int n=0, i;
  for(i=1;i< argc;i++)  n=n*10+*argv[i]-'0';
  printf("%d\n",n);
}
```

编译连接后生成可执行文件"tt.exe",若运行时输入以下命令行

tt 12 345 678↙

程序运行后的输出结果是________。

A)12　　B)12345　　C)12345678　　D)136

32.有以下程序:

```
#include <stdio.h>
int a=4;
int f(int n)
{ int t=0; static int a=5;
  if(n%2){ int a=6; t+=a++;}
  else { int a=7 ;t+=a++;}
  return t+a++;
}
main()
{ int s=a,i=0;
  for( ;i<2;i++)s+=f(i);
  printf ("%d\n ",s);
}
```

程序运行后的输出结果是________。

A)24　　B)28　　C)32　　D)36

33. 有一个名为“init.txt”的文件，内容如下：

```
#define  HDY(A,B)A/B
#define  PRINT(Y)  printf("y=%d\n",Y)
```

有以下程序：

```
#include <stdio.h>
#include  "init.txt"
main()
{ int a=1,b=2,c=3,d=4,k;
  k=HDY(a+c,b+d);
  PRINT(k);
}
```

下面针对该程序的叙述正确的是________。

A)编译有错　　B)运行出错　　C)运行结果为 y=0　　D)运行结果为 y=6

34. 有以下程序：

```
#include <stdio.h>
main()
{ char ch[]= "uvwxyz", *pc;
  pc=ch; printf("%c\n ", *(pc+5));
}
```

程序运行后的输出结果是________。

A)z　　B)0

C)元素 ch[5]的地址　　D)字符 y 的地址

35. 有以下程序：

```
#include <stdio.h>
struct S { int n; int a[20];};
void f(struct S *p)
{ int i,j,t;
  for(i=0;i<p->n-1;i++)
     for(j=i+1;j<p->n;j++)
        if(p->a[i]>p->a[j]){ t=p->a[i]; p->a[i]=p->a[j]; p->a[j]=t; }
}
main()
{ int i;  struct S  s={10,{2,3,1,6,8,7,5,4,10,9}};
  f(&s);
  for(i=0;i<s.n;i++)printf("%d,",s.a[i]);
}
```

程序运行后的输出结果是________。

A)1,2,3,4,5,6,7,8,9,10,　　B)10,9,8,7,6,5,4,3,2,1,

C)2,3,1,6,8,7,5,4,10,9,　　D)10,9,8,7,6,1,2,3,4,5,

36. 有以下程序：

```
#include <stdio.h>
struct S{ int n; int a[20]; };
void f(int *a,int n)
{ int i;
  for(i=0;i<n-1;i++)  a[i]+=i;
}
main()
{ int i; struct S  s={10,{2,3,1,6,8,7,5,4,10,9}};
  f(s.a, s.n);
  for(i=0;i<s.n;i++)printf("%d,",s.a[i]);
}
```

程序运行后的输出结果是________。

A)2,4,3,9,12,12,11,11,18,9,　　B)3,4,2,7,9,8,6,5,11,10,

C)2,3,1,6,8,7,5,4,10,9,　　D)1,2,3,6,8,7,5,4,10,9,

37. 有以下程序段：

```
typedef struct node { int data; struct node *next; } *NODE;
NODE p;
```

以下叙述正确的是________。

A)p 是指向 struct node 结构变量的指针的指针

B)NODE p;语句出错

C)p 是指向 struct node 结构变量的指针

D)p 是 struct node 结构变量

38. 有以下程序：

```
#include <stdio.h>
main()
{ unsigned char a=2,b=4,c=5,d;
  d=a|b;  d&=c;  printf("%d\n",d); }
```

程序运行后的输出结果是________。

A)3　　B)4　　C)5　　D)6

39. 有以下程序：

```
#include <stdio.h>
main()
{ FILE *fp; int k,n,a[6]={1,2,3,4,5,6};
  fp=fopen("d2.dat", "w");
  fprintf(fp, "%d%d%d\n",a[0],a[1],a[2]); fprintf(fp, " %d%d%d \n",a[3],a[4],a[5]);
  fclose(fp);
  fp=fopen("d2.dat", "r");
  fscanf(fp, "%d%d",&k,&n); printf("%d%d\n",k,n);
```

```
  fclose(fp);
}
```

程序运行后的输出结果是________。

A)1 2　　B)1 4　　C)123 4　　D)123456

40. 有以下程序：

```
#include <stdio.h>
main ()
{ FILE *fp; int i,a[6]={1,2,3,4,5,6};
  fp=fopen("d3.dat", "w+b");
  fwrite(a,sizeof(int),6,fp);
  fseek(fp,sizeof(int)*3,SEEK_SET);   /*使位置指针从文件头向后移动3个int型数据*/
  fread(a,sizeof(int),3,fp); fclose(fp);
  for(i=0;i<6;i++)printf("%d,",a[i]);
}
```

程序运行后的输出结果是________。

A)4,5,6,4,5,6,　　B)1,2,3,4,5,6,

C)4,5,6,1,2,3,　　D)6,5,4,3,2,1,

二、填空题(每空 2 分,共 30 分)

1. 执行以下程序后的输出结果是__________。

```
#include <stdio.h>
main()
{ int a=10;
  a=(3*5,a+4); printf("a=%d\n",a);
}
```

2. 当执行以下程序时,输入 1234567890↙,则其中 while 循环体将执行________次。

```
#include <stdio.h>
main()
{ char ch;
  while((ch=getchar())=='0')   printf("#");
}
```

3. 以下程序的运行结果是__________。

```
#include <stdio.h>
int k=0;
void fun(int   m)
{ m+=k; k+=m; printf("m=%d k=%d ",m,k++);}
main()
{ int i=4;
  fun(i++); printf("i=%d k=%d\n",i,k);
}
```

4. 以下程序的运行结果是____________。

```
#include <stdio.h>
main()
{ int a=2, b=7, c=5;
  switch(a>0)
   { case 1 :switch(b<0)
           { case 1: printf ("@"); break;
           case 2: printf("!"); break;
           }
   case 0: switch(c==5)
           { case 0: printf("*"); break;
           case 1: printf("#"); break;
           case 2: printf("$"); break;
           }
   default : printf("&");
   }
   printf("\n");
}
```

5. 以下程序的输出结果是____________。

```
#include <stdio.h>
#include <string.h>
main()
{ printf("%d\n",strlen("IBM\n012\I\\")); }
```

6. 已定义 char ch='$'; int i=1,j; 执行 j=! ch && i++以后,i 的值为____________。

7. 以下程序的输出结果是____________。

```
#include <stdio.h>
#include <string.h>
main()
{ char a[]={'\1', '\2', '\3', '\4', '\0'};
  printf("%d %d\n",sizeof(a),strlen(a));
}
```

8. 设有定义语句:int a[][3]={{0},{1},{2}};,则数组元素 a[1][2]的值为____________。

9. 以下程序的功能是:求出数组 x 中各相邻两个元素的和依次存放到 a 数组中,然后输出,请填空。

```
#include <stdio.h>
main()
{  int x[10],a[9],i;
   for (i=0;i<10;i++)  scanf("%d" ,&x[i]);
   for(____________;i<10;i++)
```

```
    a[i-1]=x[i]+______________;
    for(i=0;i<9;i++)   printf("%d" ,a[i]);
    printf("\n");
}
```

10. 以下程序的功能是:利用指针指向三个整型变量,并通过指针运算找出三个数中的最大值,输出到屏幕上,请填空。

```
#include <stdio.h>
main()
{ int x,y,z,max, *px, *py, *pz, *pmax;
  scanf("%d%d%d",&x,&y,&z);
  px=&x;    py=&y;   pz=&z;    pmax=&max;
  ________________________;
  if(*pmax<*py) *pmax=*py;
  if(*pmax<*pz) *pmax=*pz;
  printf("max=%d\n ",max);
}
```

11. 以下程序的输出结果是______________。

```
#include <stdio.h>
int fun(int *x,int n)
{ if(n==0)   return x[0];
  else       return x[0]+fun(x+1,n-1);
}
main()
{ int a[ ]={1,2,3,4,5,6,7}; printf("%d\n" ,fun(a,3));}
```

12. 以下程序的输出结果是______________。

```
#include <stdio.h>
#include <stdlib.h>
main()
{ char *s1, *s2, m;
  s1=(char *)malloc(sizeof(char));
  s2=(char *)malloc(sizeof(char));
  *s1=15;   *s2=20;   m=*s1+*s2;
  printf("%d\n" ,m);
}
```

13. 设有说明:

```
struct DATE{ int year; int month; int day;};
```

请写出一条定义 d 为上述结构体变量,并同时为其成员 year、month、day 依次赋初值 2006、10、1 的语句:______________。

14. 设有定义:"FILE *fw;",请将以下打开文件的语句补充完整,以便可以向文本文件

"readme.txt"的最后续写内容。

fw=fopen("readme.txt",____________)

模拟试卷(二)参考答案

一、选择题(1-10 每小题 1 分,11-40 每小题 2 分,共 70 分)

1. C;	2. D;	3. B;	4. C;	5. A;
6. D;	7. C;	8. A;	9. B;	10. C;
11. D;	12. C;	13. A;	14. B;	15. A;
16. A;	17. D;	18. B;	19. D;	20. A;
21. B;	22. B;	23. D;	24. A;	25. B;
26. B;	27. C;	28. B;	29. C;	30. D;
31. D;	32. B;	33. D;	34. A;	35. A;
36. A;	37. C;	38. B;	39. D;	40. A。

二、填空题(每空 2 分,共 30 分)

1. a=14

2. 0

3. m=4 k=4 i=5 k=5

4. #&

5. 9

6. 1

7. 5 4

8. 0

9. i=1   x[i-1]

10. *pmax=*px(或*pmax=x)

11. 10

12. 35

13. struct DATE d={2006,10,1};

14. "a"

模拟试卷(三)

一、选择题(1-10 每小题 1 分,11-40 每小题 2 分,共 70 分)

1. C语言源程序名的后缀是________。

A).exe   B).c   C).obj   D).cp

2. 可在C程序中用作用户标识符的一组标识符是________。

A)and   B)Date   C)Hi   D)case

_2007   y-m-d   Dr.Tom   Bigl

3. 以下选项中,合法的一组C语言数值常量是________。

A)028   B)12.   C).177   D)08A

.5e−3　　0Xa23　　4c1.5　　10,000
0xf　　4.5e0　　0abc　　3.e5

4.以下叙述中正确的是________。

A)C语言程序将从源程序中第一个函数开始执行

B)可以在程序中由用户指定任意一个函数作为主函数,程序将从此开始执行

C)C语言规定必须用main作为主函数名,程序将从此开始执行,在此结束

D)main可作为用户标识符,用以命名任意一个函数作为主函数

5.若在定义语句:"int a,b,c,*p=&c;"之后,接着执行以下选项中的语句,则能正确执行的语句是________。

A)scanf("%d",a,b,c);　　B)scanf("%d%d%d",a,b,c);

C)scanf("%d",p);　　D)scanf("%d",&p);

6.以下关于long、int和short类型数据占用内存大小的叙述中正确的是________。

A)均占4个字节　　B)根据数据的大小来决定所占内存的字节数

C)由用户自己定义　　D)由C语言编译系统决定

7.若变量均已正确定义并赋值,以下合法的C语言赋值语句是________。

A)x=y==5;　　B)x=n%2.5;　　C)x+n=i;　　D)x=5=4+1;

8.有以下程序段:

```
int j; float y; char name[50];
scanf("%2d%f%s",&j,&y,name);
```

当执行上述程序段,从键盘上输入"55566 7777abc"后,y的值为________。

A)55566.0　　B)566.0　　C)7777.0　　D)566777.0

9.若变量已正确定义,有以下程序段:

```
i=0;
do printf("%d,",i);while(i++);
printf("%d\n",i);
```

其输出结果是________。

A)0,0　　B)0,1　　C)1,1　　D)程序进入无限循环

10.有以下计算公式:

$$y=\begin{cases}\sqrt{x} & (x\geqslant 0)\\ \sqrt{-x} & (x<0)\end{cases}$$

若程序前面已在命令中包含"math.h"文件,不能够正确计算上述公式的程序段是________。

A)
```
if(x>=0)    y=sqrt(x);
else    y=sqrt(-x);
```

B)
```
y=sqrt(x)
if(x<0)    y=sqrt(-x);
```

C)
```
if(x>=0)y=sqrt(x);
if(x<0)y=sqrt(-x);
```

D)
```
y=sqrt(x>=0? x:-x);
```

11.设有条件表达式:"(EXP)? i++:j--",则以下表达式中和"(EXP)"完全等价的是________。

A)(EXP==0)　　B)(EXP!=0)　　C)(EXP==1)　　D)(EXP!=1)

12. 有以下程序：

```
#include <stdio.h>
main()
{ int y=9;
  for( ; y>0; y--)
    if(y%3==0)printf("%d",--y);
}
```

程序的运行结果是________。

A)741　　B)963　　C)852　　D)875421

13. 已有定义："char c;"，程序前面已在命令行中包含"ctype.h"文件，不能用于判断 c 中的字符是否为大写字母的表达式是________。

A)isupper(C)　　B)'A'<=c<='Z'

C)'A'<=c && c<='Z'　　D)c<=('z'-32)&&('a'-32)<=c

14. 有以下程序：

```
#include <stdio.h>
main()
{ int i,j,m=55;
  for(i=1;i<=3;i++)
   for(j=3;j<=i;j++)m=m%j;
     printf("%d\n",m);
}
```

程序的运行结果是________。

A)0　　B)1　　C)2　　D)3

15. 若函数调用时的实参为变量时，以下关于函数形参和实参的叙述中正确的是________。

A)函数的实参和其对应的形参共占同一存储单元

B)形参只是形式上的存在，不占用具体存储单元

C)同名的实参和形参占同一存储单元

D)函数的形参和实参分别占用不同的存储单元

16. 已知字符'A'的 ASCII 码值是 65，字符变量 c1 的值是'A'，c2 的值是'D'。执行语句"printf("%d,%d",c1,c2-2);"后，输出结果是________。

A)A，B　　B)A，68　　C)65，66　　D)65，68

17. 以下叙述中错误的是________。

A)改变函数形参的值，不会改变对应实参的值

B)函数可以返回地址值

C)可以给指针变量赋一个整数作为地址值

D)当在程序的开头包含文件 stdio.h 时，可以给指针变量赋 NULL

18. 以下正确的字符串常量是________。

A)"\\\"　　B)'abc'　　C)Olympic Games　　D)" "

19. 设有定义："char p[]={'1', '2', '3'}, * q=p;"，以下不能计算出一个 char 型数据所占

字节数的表达式是________。

A)sizeof(p)　　B)sizeof(char)　　C)sizeof(*q)　　D)sizeof(p[0])

20.有以下函数：

```
int aaa(char *s)
{ char *t=s;
  while(*t++);
  t--;
  return(t-s);
}
```

以下关于 aaa 函数的功能叙述正确的是________。

A)求字符串 s 的长度　　B)比较两个串的大小

C)将串 s 复制到串 t　　D)求字符串 s 所占字节数

21.若有定义语句："int a[3][6];"，按在内存中的存放顺序，a 数组的第 10 个元素是______。

A)a[0][4]　B)a[1][3]　C)a[0][3]　D)a[1][4]

22.有以下程序：

```
#include <stdio.h>
void fun(char **p)
{++p; printf("%s\n",*p);}
main()
{char *a[]={"Morning","Afternoon","Evening","Night"};
  fun(a);
}
```

程序的运行结果是________。

A)Afternoon　　B)fternoon　　C)Morning　　D)orning

23.若有定义语句："int a[2][3],*p[3];"，则以下语句中正确的是________。

A)p=a;　　B)p[0]=a;　　C)p[0]=&a[1][2];　D)p[1]=&a;

24.有以下程序：

```
#include <stdio.h>
void fun(int *a,int n)  /*fun 函数的功能是将 a 所指数组元素从大到小排序*/
{ int t,i,j;
  for(i=0;i<n-1;i++)
    for(j=i+1;j<n;j++)
      if(a[i]<a[j]){t=a[i];a[i]=a[j]; a[j]=t;}
}
main()
{ int c[10]={1,2,3,4,5,6,7,8,9,0},i;
  fun(c+4,6);
  for(i=0;i<10;i++)printf("%d,",c[i]);
  printf("\n");
```

```
}
```

程序运行的结果是________。

A)1,2,3,4,5,6,7,8,9,0,　　B)0,9,8,7,6,5,1,2,3,4,

C)0,9,8,7,6,5,4,3,2,1,　　D)1,2,3,4,9,8,7,6,5,0,

25.有以下程序：

```
#include <stdio.h>
int fun(char s[])
{ int n=0;
  while(*s<='9'&&*s>='0'){n=10*n+*s-'0';s++;}
  return(n);
}
main()
{ char s[10]={ '6', '1', '*', '4', '*', '9', '*', '0', '*'};
  printf("%d\n",fun(s));
}
```

程序运行的结果是________。

A)9　　B)61490　　C)61　　D)5

26.当用户要求输入的字符串中含有空格时，应使用的输入函数是________。

A)scanf()　　B)getchar()

C)gets()　　D)getc()

27.以下关于字符串的叙述中正确的是________。

A)C语言中有字符串类型的常量和变量

B)两个字符串中的字符个数相同时才能进行字符串大小的比较

C)可以用关系运算符对字符串的大小进行比较

D)空串一定比空格打头的字符串小

28.有以下程序：

```
#include <stdio.h>
void fun(char *t, char *s)
{  while(*t!=0)t++;
   while((*t++=*s++)!=0);
}
main()
{  char ss[10]= "acc", aa[10]= "bbxxyy ";
   fun(ss,aa);
   printf("%s,%s\n ",ss,aa);
}
```

程序运行结果是________。

A)accxyy, bbxxyy　　B)axx, bbxxyy

C)accxxyy, bbxxyy　　D)accbbxxyy, bbxxyy

29. 有以下程序：

```
#include <stdio.h>
#include <string.h>
void fun(char s[][10],int n)
{ char t;int i,j;
  for(i=0;i<n-1;i++)
  for(j=i+1;j<n;j++)/* 比较字符串的首字符大小,并交换字符串的首字符 */
    if(s[i][0]>s[j][0]){t=s[i][0];s[i][0]=s[j][0];s[j][0]=t;}
}
main()
{  char ss[5][10]={ "bcc", "bbcc", "xy", "aaaacc", "aabcc"};
   fun(ss,5); printf("%s,%s\n ",ss[0],ss[4]);
}
```

程序运行结果是________。

A)xy,aaaacc　　B)aaaacc,xy　　C)xcc,aabcc　　D)acc,xabcc

30. 在一个C语言源程序文件中所定义的全局变量,其作用域为________。

A)所在文件的全部范围　　B)所在程序的全部范围

C)所在函数的全部范围　　D)由具体定义位置和extern说明来决定范围

31. 有以下程序：

```
#include <stdio.h>
int a=1;
int f(int c)
{ static int a=2;
  c=c+1;
  return (a++)+c;}
main()
{ int i,k=0;
  for(i=0;i<2;i++){int a=3; k+=f(a);}
  k+=a;
  printf("%d\n ",k);
}
```

程序运行结果是________。

A)14　　B)15　　C)16　　D)17

32. 有以下程序：

```
#include <stdio.h>
void fun(int n,int *p)
{ int f1,f2;
 if(n==1||n==2) *p=1;
 else
```

```
  { fun(n-1,&f1); fun(n-2,&f2);
    *p=f1+f2;
  }
}
main()
{ int s;
  fun(3,&s); printf("%d\n",s);
}
```

程序的运行结果是________。

A)2　　　　B)3　　　　C)4　　　　D)5

33. 若程序中有宏定义行:"#define N 100",则以下叙述中正确的是________。

A)宏定义行中定义了标识符 N 的值为整数 100

B)在编译程序对 C 源程序进行预处理时用 100 替换标识符 N

C)对 C 源程序进行编译时用 100 替换标识符 N

D)在运行时用 100 替换标识符 N

34. 以下关于 typedef 叙述错误的是________。

A)用 typedef 可以增加新类型

B)typedef 只是将已存在的类型用一个新的名字来代表

C)用 typedef 可以为各种类型说明一个新名,但不能用来为变量说明一个新名

D)用 typedef 为类型说明一个新名,通常可以增加程序的可读性

35. 有以下程序:

```
#include <stdio.h>
struct tt
{ int x;struct tt *y;} *p;
struct tt a[4]={20,a+1,15,a+2,30,a+3,17,a};
main()
{ int i;
  p=a;
  for(i=1;i<=2;i++){printf("%d,",p->x); p=p->y;}
}
```

程序的运行结果是________。

A)20,30,　　　　B)30,17　　　　C)15,30,　　　　D)20,15,

36. 有以下程序:

```
#include <stdio.h>
#include <string.h>
typedef struct{char name[9]; char sex; float score[2];}STU;
STU f(STU a)
{ STU b={"Zhao",'m',85.0,90.0}; int i;
  strcpy(a.name,b.name);
```

```
  a.sex=b.sex;
  for(i=0;i<2;i++)a.score[i]=b.score[i];
  return a;
}
main()
{ STU c={"Qian",'f',95.0,92.0},d;
  d=f(c);
  printf("%s,%c,%2.0f,%2.0f\n",d.name,d.sex,d.score[0],d.score[1]);
}
```

程序的运行结果是________。

A)Qian,f,95,92　　B)Qian,m,85,90　　C)Zhao,m,85,90　　D)Zhao,f,95,92

37.设有以下定义：

```
union data
{ int d1; float d2;}demo;
```

则下面叙述中错误的是________。

A)变量 demo 与成员 d2 所占的内存字节数相同

B)变量 demo 中各成员的地址相同

C)变量 demo 和各成员的地址相同

D)若给 demo.d1 赋值 99 后，demo.d2 中的值是 99.0

38.有以下程序：

```
#include <stdio.h>
main()
{ int a=1, b=2, c=3, x;
  x=(a∧b)&c; printf("%d\n",x);
}
```

程序的运行结果是________。

A)0　　B)1　　C)2　　D)3

39.读取二进制文件的函数调用形式为："fread(buffer,size,count,fp);"，其中 buffer 代表的是________。

A)一个文件指针，指向待读取的文件

B)一个整型变量，代表待读取的数据的字节数

C)一个内存块的首地址，代表读入数据存放的地址

D)一个内存块的字节数

40.有以下程序：

```
#include <stdio.h>
main()
{ FILE *fp; int a[10]={1,2,3,0,0},i;
  fp=fopen("d2.dat","wb");
  fwrite(a,sizeof(int),5,fp);
```

```
  fwrite(a,sizeof(int),5,fp);
  fclose(fp);
  fp=fopen("d2.dat","rb");
  fread(a,sizeof(int),10,fp);
  fclose(fp);
  for(i=0;i<10;i++)printf("%d,",a[i]);
}
```

程序的运行结果是________。

A)1,2,3,0,0,0,0,0,0,0,　　B)1,2,3,1,2,3,0,0,0,0,

C)123,0,0,0,0,123,0,0,0,0,　　D)1,2,3,0,0,1,2,3,0,0,

二、填空题(每空 2 分,共 30 分)

1. 执行以下程序时输入 1234567↙,则输出结果是________。

```
#include <stdio.h>
main()
{ int a=1,b;
  scanf("%2d%2d",&a,&b); printf("%d%d\n",a,b);
}
```

2. 以下程序的功能是:输出 a、b、c 三个变量中的最小值,请填空。

```
#include <stdio.h>
main()
{ int a,b,c,t1,t2;
  scanf("%d%d%d",&a,&b,&c);
  t1=a<b? ________;
  t2=c<t1? ________;
  printf("%d\n",t2);
}
```

3. 以下程序的输出结果是________。

```
#include <stdio.h>
main()
{ int n=12345,d;
  while(n!=0){ d=n%10; printf("%d",d); n/=10;}
}
```

4. 有以下程序段,且变量已正确定义和赋值。

```
for(s=1.0,k=1;k<=n;k++)s=s+1.0/(k*(k+1));
printf("s=%f\n\n",s);
```

请填空,使下面程序段的功能与之完全相同。

```
s=1.0;k=1;
while(________){ s=s+1.0/(k*(k+1)); ________;}
printf("s=%f\n\n",s);
```

5. 以下程序的输出结果是＿＿＿＿＿＿。

```
#include <stdio.h>
main()
{ int i,j;
  for(i='a';i<'f';i++,j++)printf("%c",i-'a'+'A');
  printf("\n");
}
```

6. 以下程序的输出结果是＿＿＿＿＿＿。

```
#include <stdio.h>
#include <string.h>
char *fun(char *t)
{ char *p=t;
  return(p+strlen(t)/2);
}
main()
{ char *str="abcdefgh";
  str=fun(str);
  puts(str);
}
```

7. 以下程序中函数 f 的功能是在数组 x 的 n 个数(假定 n 个数互不相同)中找出最大最小数,将其中最小的数与第一个数对换,把最大的数与最后一个数对换,请填空。

```
#include <stdio.h>
void f(int x[],int n)
{ int p0,p1,i,j,t,m;
  i=j=x[0]; p0=p1=0;
  for(m=0;m<n;m++)
  { if(x[m]>i){i=x[m]; p0=m;}
    else if(x[m]<j){j=x[m]; p1=m;}
  }
  t=x[p1]; x[p1]=x[n-1]; x[n-1]=t;
  t=x[p0]; x[p0]=______; ______=t;
}
main()
{ int a[10],u;
  for(u=0;u<10;u++)scanf("%d",&a[u]);
  f(a,10);
  for(u=0;u<10;u++)printf("%d",a[u]);
  printf("\n");
}
```

8. 以下程序统计从终端输入的字符中大写字母的个数,num[0]中统计字母A的个数,num[1]中统计字母B的个数,其他依次类推。用#号结束输入,请填空。

```
#include <stdio.h>
#include <ctype.h>
main()
{ int num[26]={0},i; char c;
  while((__________)!='#')
  if(isupper(c))num[c-'A']+=__________;
  for(i=0;i<26;i++)
  printf("%c:%d\n",i+'A',num[i]);
}
```

9. 执行以下程序的输出结果是__________。

```
#include <stdio.h>
main()
{ int i, n[4]={1};
  for(i=1;i<=3;i++)
  { n[i]=n[i-1]*2+1; printf("%d",n[i]); }
}
```

10. 以下程序的输出结果是__________。

```
#include <stdio.h>
#define M 5
#define N M+M
main()
{ int k;
  k=N*N*5; printf("%d\n",k);
}
```

11. 函数min()的功能是:在带头结点的单链表中查找数据域中值最小的结点,请填空。

```
#include <stdio.h>
struct node
{ int data;
  struct node *next;
};
int min(struct node *first)/*指针first为链表头指针*/
{ struct node *p; int m;
  p=first->next; m=p->data; p=p->next;
  for( ;p!=NULL;p=__________)
   if(p->data<m)m=p->data;
   return m;
}
```

模拟试卷(三)参考答案

一、选择题(1-10 每小题 1 分,11-40 每小题 2 分,共 70 分)

1. B;	2. A;	3. B;	4. C;	5. C;
6. D;	7. A;	8. B;	9. B;	10. B;
11. B;	12. C;	13. B;	14. B;	15. D;
16. C;	17. C;	18. D;	19. A;	20. A;
21. B;	22. A;	23. C;	24. D;	25. C;
26. C;	27. D;	28. D;	29. D;	30. D;
31. A;	32. A;	33. B;	34. A;	35. D;
36. C;	37. D;	38. D;	39. C;	40. D。

二、填空题(每空 2 分,共 30 分)

1. 1234
2. a:b　　c:t1
3. 54321
4. k<=n　　k++
5. ABCDE
6. efgh
7. x[0]　　x[0]
8. c=getchar()　　1
9. 3715
10. 55
11. p->next

模拟试卷(四)

一、选择题(每小题 2 分,共 60 分)

1. 以下叙述中正确的是________。

A)C 程序中的注释只能出现在程序的开始位置和语句的后面

B)C 程序书写格式严格,要求一行内只能写一个语句

C)C 程序书写格式自由,一个语句可以写在多行上

D)用 C 语言编写的程序只能放在一个程序文件中

2. 以下选项中不合法的标识符是________。

A)print　　B)FOR　　C)&a　　D)_00

3. 以下选项中不属于字符常量的是________。

A)'C'　　B)"C"　　C)'\xCC'　　D)'\072'

4. 设变量已经正确定义并赋值,以下正确的表达式是________。

A)x=y*5=x+z　　B)int(15.8%5)　　C)x=y+z+5,++y　　D)x=25%5.0

5. 以下定义语句中正确的是________。

A)int a＝b＝0;　　B)char A＝65＋1,b＝'b';

C)float a＝1,"b＝&a," c＝&b;　　D)double a＝0.0;b＝1.1;

6. 有以下程序段：

```
char ch; int k;
ch='a';  k=12;
printf("%c,%d,",ch,ch,k);  printf("k=%d\n",k);
```

已知字符 a 的 ASCII 十进制代码为 97,则执行上述程序段后输出的结果是________。

A)因变量类型与格式描述符的类型不匹配输出无定值

B)输出项与格式描述符个数不符,输出为零值或不定值

C)a,97,12k＝12

D)a,97,k＝12

7. 已知字母 A 的 ASCII 代码值为 65,若变量 kk 为 char 型,以下不能正确判断出 kk 中的值为大写字母的表达式是________。

A)kk＞＝'A'&&kk＜＝'Z'　　B)!(kk＞＝'A'||kk＜＝'Z')

C)(kk＋32)＞＝'a'&&(kk＋32)＜＝'z'　　D)isalpha(kk)&&(kk＜91)

8. 当变量 c 的值不为 2、4、6 时,值也为"真"的表达式是________。

A)(c＝＝2)||(c＝＝4)||(c＝＝6)　　B)(c＞＝2&&c＜＝6)||(c!＝3)||(c!＝5)

C)(c＞＝2&&c＜＝6)&&!(c%2)　　D)(c＞＝2&&c＜＝6)&&(c%2!＝1)

9. 若变量已经正确定义,有以下程序段：

```
int a=3,b=5,c=7;
if(a>b)a=b;c=a;
if(c!=a)c=b;
printf("%d,%d,%d\n",a,b,c);
```

其输出的结果是________。

A)程序段有语法错　　B)3,5,3　　C)3,5,5　　D)3,5,7

10. 有以下程序：

```
#include <stdio.h>
main()
{ int x=1,y=0,a=0,b=0;
  switch(x)
  { case 1:  switch(y)
             { case 0: a++; break;
               case 1: b++; break;
             }
     case 2: a++;b++;break;
     case 3: a++;b++;
  }
  printf("a=%d,b=%d\n",a,b);
```

```
}
```

程序运行的结果是________。

A)a=1,b=0　　B)a=2,b=2　　C)a=1,b=1　　D)a=2,b=1

11.有以下程序：

```
#include <stdio.h>
main()
{ int x=8;
  for( ;x>0;x--)
  { if(x%3){ printf("%d,",x--); continue;}
    printf("%d.",--x);
  }
}
```

程序运行的结果是________。

A)7,4,2.　　B)8,7,5,2.　　C)9,7,6,4.　　D)8,5.4,2,

12.以下不构成无限循环的语句或语句组是________。

A)n=0;
do{++n;}while(n<=0);

B)n=0;
while(1){n++;}

C)n=10;
while(n);{n--;}

D)for(n=0,i=1; ;i++)n+=i;

13.有以下程序：

```
#include <stdio.h>
main()
{ int a[]={1,2,3,4},y,*p=&a[3];
  --p; y=*p; printf("y=%d\n",y);
}
```

程序运行的结果是________。

A)y=0　　B)y=1　　C)y=2　　D)y=3

14.以下错误的定义语句是________。

A)int x[][3]={{0},{1},{1,2,3}};

B)int x[4][3]={{1,2,3},{1,2,3},{1,2,3},{1,2,3}};

C)int x[4][]={{1,2,3},{1,2,3},{1,2,3},{1,2,3}};

D)int x[][3]={1,2,3,4};

15.设有如下程序段：

```
char s[20]="Beijing",*p;
p=s;
```

则执行p=s语句后，以下描述正确的是________。

A)可以用*p表示s[0]　　B)s数组中元素的个数和p所指字符串长度相等

C)s和p都是指针变量　　D)数组s中的内容和指针变量p中的内容相同

16.若有定义："int a[2][3];"，以下选项中对a数组元素正确引用的是________。

A)a[2][! 1]　　B)a[2][3]　　C)a[0][3]　　D)a[1>2][! 1]

17. 有定义语句："char s[10];"，若要从终端给 s 输入 5 个字符，错误的输入语句是________。

A)gets(&s[0]);　　B)scanf("%s",s+1);

C)gets(s);　　D)scanf("%s",s[1]);

18. 以下叙述中错误的是________。

A)在程序中凡是以"#"开始的语句都是预处理指令行

B)预处理命令行的最后不能以分号表示结束

C)#define MAX 是合法的宏定义命令行

D)C 程序对预处理命令行的处理是在程序执行的过程中进行的

19. 以下结构体类型说明和变量定义中正确的是________。

A)
```
typedef struct
{ int n; char c;}REC;
  REC t1,t2;
```
B)
```
struct REC;
{ int n; char c;};
REC t1,t2;
```
C)
```
typedef struct REC;
{ int n=0; char c='A';}t1,t2;
```
D)
```
struct
{ int n; char c; }REC;
REC t1,t2;
```

20. 以下叙述中错误的是________。

A)gets 函数用于从终端读入字符串

B)getchar 函数用于从磁盘文件读入字符

C)fputs 函数用于把字符串输出到文件

D)fwrite 函数用于以二进制形式输出数据到文件

21. 有以下程序：

```
#include <stdio.h>
main()
{ int s[12]={1,2,3,4,4,3,2,1,1,1,2,3},c[5]={0},i;
  for(i=0;i<12;i++)c[s[i]]++;
  for(i=1;i<5;i++)printf("%d ",c[i]);
  printf("\n");
}
```

程序运行的结果是________。

A)1 2 3 4　　B)2 3 4 4　　C)4 3 3 2　　D)1 1 2 3

22. 有以下程序：

```
#include <stdio.h>
void fun(int *s,int n1,int n2)
{ int i,j,t;
  i=n1;j=n2;
  while(i<j){t=s[i];s[i]=s[j];s[j]=t;i++;j--;}
}
```

```
main()
{ int a[10]={1,2,3,4,5,6,7,8,9,0},k;
  fun(a,0,3); fun(a,4,9); fun(a,0,9);
  for(k=0;k<10;k++)printf("%d",a[k]); printf("\n");
}
```

程序运行得结果是________。

A)0987654321　　B)4321098765　　C)5678901234　　D)0987651234

23. 有以下程序：

```
#include <stdio.h>
#include <string.h>
void fun(char *s[], int n)
{ char *t; int i,j;
  for(i=0;i<n;i++)
    for(j=i+1;j<n;j++)
      if(strlen(s[i])>strlen(s[j])){t=s[i];s[i]=s[j];s[j]=t;}
}
main()
{ char *ss[]={"bcc","bbcc","xy","aaaacc","aabcc"};
  fun(ss,5); printf("%s,%s\n",ss[0],ss[4]);
}
```

程序的运行结果是________。

A)xy,aaaacc　　B)aaaacc,xy　　C)bcc,aabcc　　D)aabcc,bcc

24. 有以下程序：

```
#include <stdio.h>
int f(int x)
{ int y;
  if(x==0||x==1)return(3);
  y=x*x-f(x-2);
  return y;
}
main()
{ int z;
  z=f(3);  printf("%d\n",z);
}
```

程序的运行结果是________。

A)0　　B)9　　C)6　　D)8

25. 有以下程序：

```
#include <stdio.h>
void fun(char *a,char *b)
```

```
{ while(*a=='*')a++;
  while(*b=*a){b++;a++;}
}
main()
{ char *s="*****a*b****",t[80];
  fun(s,t); puts(t);
}
```

程序的运行结果是________。

A)*****a*b　　B)a*b　　C)a*b****　　D)ab

26.有以下程序：

```
#include <stdio.h>
#include <string.h>
typedef struct{ char name[9]; char sex; float score[2]; }STU;
void f(STU a)
{ STU b={"Zhao",'m',85.0,90.0}; int i;
  strcpy(a.name,b.name);
  a.sex=b.sex;
  for(i=0;i<2;i++)a.score[i]=b.score[i];
}
main()
{ STU c={"Qian",'f',95.0,92.0};
  f(c); printf("%s,%c,%2.0f,%2.0f\n",c.name,c.sex,c.score[0],c.score[1]);
}
```

程序的运行结果是________。

A)Qian,f,95,92　　B)Qian,m,85,90　　C)Zhao,f,95,92　　D)Zhao,m,85,90

27.有以下程序：

```
#include <stdio.h>
main()
{ FILE *fp; int a[10]={1,2,3},i,n;
  fp=fopen("d1.dat","w");
  for(i=0;i<3;i++)fprintf(fp,"%d",a[i]);
  fprintf(fp,"\n");
  fclose(fp);
  fp=fopen("d1.dat","r");
  fscanf(fp,"%d",&n);
  fclose(fp);
  printf("%d\n",n);
}
```

程序的运行结果是________。

A)12300　　B)123　　C)1　　D)321

28.变量 a 中的数据用二进制表示的形式是 01011101，变量 b 中的数据用二进制表示的形式是 11110000，若要求将 a 的高 4 位取反，低四位不变，所要执行的运算是________。

A)a∧b　　B)a|b　　C)a&b　　D)a<<4

29.在 C 语言中，只有在使用时才占用内存单元的变量，其存储类型是________。

A)auto 和 register　　B)extern 和 register　　C)auto 和 static　　D)static 和 register

30.设有定义语句“int (＊f)(int);”则以下叙述正确的是________。

A)f 是基类型为 int 的指针变量

B)f 是指向函数的指针变量，该函数具有一个 int 类型的形参

C)f 是指向 int 类型一维数组的指针变量

D)f 是函数名，该函数返回值是基类型为 int 类型的地址

二、填空题(每空 4 分，共 40 分)

1.已有定义：“char c=' '; int a=1,b;”(此处 c 的初值为空格字符)，执行“b=! c&&a;”后 b 的值为________。

2.设变量已经正确定义为整形，则表达式“n=i=2，++i，i++”的值为________。

3.若有定义：“int k;”，以下程序段的输出结果是________。

```
for(k=2;k<6;k++,k++)printf("##%d",k);
```

4.以下程序的定义语句中，x[1]的初值是________，程序运行后输出的内容是________。

```
#include <stdio.h>
main()
{ int x[]={1,2,3,4,5,6,7,8,9,10,11,12,13,14,15,16}, *p[4],i;
  for(i=0;i<4;i++)
  { p[i]=&x[2*i+1];
    printf("%d ",p[i][0]);
  }
  printf("\n");
}
```

5.以下程序的输出结果是________。

```
#include <stdio.h>
void swap(int *a,int *b)
{ int *t;
  t=a;a=b;b=t;
}
main()
{ int i=3,j=5, *p=&i, *q=&j;
  swap(p,q); printf("%d %d\n", *p, *q);
}
```

6. 以下程序的输出结果是________。

```
#include <stdio.h>
main()
{ int a[5]={2,4,6,8,10}, *p;
  p=a; p++;
  printf("%d", *p);
}
```

7. 以下程序的输出结果是________。

```
#include <stdio.h>
void fun(int x)
{ if(x/2>0)fun(x/2);
  printf("%d ",x);
}
main()
{ fun(3); printf("\n");
}
```

8. 以下程序中函数 fun 的功能是:统计 person 所指结构体数组中所有性别(sex)为 M 的记录的个数,存入变量 n 中,并作为函数值返回。请填空。

```
#include <stdio.h>
#define N 3
typedef struct
{ int num; char nam[10]; char sex; }SS;
int fun(SS person[])
{ int i,n=0;
  for(i=0;i<N;i++)
  if(________________=='M')n++;
    return n;
}
main()
{ SS W[N]={{1,"AA",'F'},{2,"BB",'M'},{3,"CC",'M'}}; int n;
  n=fun(W); printf("n=%d\n",n);
}
```

9. 以下程序从名为"filea.dat"的文本文件中逐个读入字符并显示在屏幕上。请填空。

```
#include <stdio.h>
main()
{ FILE *fp; char ch;
  fp=fopen(________________);
  ch=fgetc(fp);
  while(! feof(fp)){ putchar(ch); ch=fgetc(fp); }
```

```
  fclose(fp);
}
```

模拟试卷(四)参考答案

一、选择题(每小题 2 分,共 60 分)

1. C; 2. C; 3. B; 4. C; 5. B;
6. D; 7. B; 8. B; 9. B; 10. D;
11. D; 12. A; 13. D; 14. C; 15. A;
16. D; 17. D; 18. D; 19. A; 20. B;
21. C; 22. C; 23. A; 24. C; 25. C;
26. A; 27. B; 28. A; 29. A; 30. B。

二、填空题(每空 4 分,共 40 分)

1. 0
2. 3
3. ##2##4
4. 2 2 4 6 8 (各数间有空格)
5. 3 5(3 与 5 间有空格)
6. 4
7. 1 3(1 与 3 间有空格)
8. person[i]. sex
9. "filea. dat","r"

模拟试卷(五)

一、选择题(每小题 2 分,共 60 分)

1. 以下叙述中正确的是________。

A)C 程序的基本组成单位是语句　　B)C 程序中的每一行只能写一条语句
C)简单 C 语句必须以分号结束　　D)C 语句必须在一行内写完

2. 计算机能直接执行的程序是________。

A)源程序　B)目标程序　C)汇编程序　D)可执行程序

3. 以下选项中不能作为 C 语言合法常量的是________。

A)'cd'　B)0.1e+6　C)"\a"　D)'\011'

4. 以下选项中正确的定义语句是________。

A)double a;b;　B)double a=b=7;
C)double a=7,b=7;　D)double a,b

5. 以下不能正确表示代数式$\frac{2ab}{cd}$的 C 语言表达式是________。

A)2 * a * b/c/d　B)a * b/c/d * 2　C)a/c/d * b * 2　D)2 * a * b/c * d

6.C源程序中不能表示的数制是________。

A)二进制　B)八进制　C)十进制　D)十六进制

7.若有表达式"(w)?(－－x):(＋＋y)",则其中与w等价的表达式是________。

A)w＝＝1　B)w＝＝0　C)w!＝1　D)w!＝0

8.执行以下程序段后,w的值为________。

```
int w='A',x=14,y=15;
w=((x||y)&&(w<'a'));
```

A)－1　B)NULL　C)1　D)0

9.若变量已正确定义为int型,要通过语句"scanf("%d,%d,%d",&a,&b,&c);"给a赋值1、给b赋值2、给c赋值3,以下输入形式中错误的是(μ代表一个空格符)________。

A)μμμ1,2,3↙　B)1μ2μ3↙

C)1,μμμ2,μμμ3↙　D)1,2,3↙

10.有以下程序段:

```
int a,b,c;
a=10; b=50; c=30;
if(a>b)a=b; b=c; c=a;
  printf("a=%d b=%d c=%d\n",a,b,c);
```

程序的输出结果是________。

A)a=10　b=50　c=10　B)a=10　b=50　c=30

C)a=10　b=30　c=10　D)a=50　b=30　c=50

11.若有定义语句:"int m[]={5,4,3,2,1},i=4;",则下面对m数组元素的引用错误的是________。

A)m[－－i]　B)m[2＊2]　C)m[m[0]]　D)m[m[i]]

12.下面的函数调用语句中func函数的实参个数是________。

```
func(f2(v1,v2),(v3,v4,v5),(v6,max(v7,v8)));
```

A)3　B)4　C)5　D)8

13.若有定义语句:"double x[5]={1.0,2.0,3.0,4.0,5.0},＊p=x;",则错误引用x数组元素的是________。

A)＊p　B)x[5]　C)＊(p＋1)　D)＊x

14.若有定义语句:"char s[10]="1234567\0\0";",则strlen(s)的值是________。

A)7　B)8　C)9　D)10

15.以下叙述中错误的是________。

A)用户定义的函数中可以没有return语句

B)用户定义的函数中可以有多个return语句,以便可以调用一次返回多个函数值

C)用户定义的函数中若没有return语句,则应当定义函数为void类型

D)函数的return语句中可以没有表达式

16.以下关于宏的叙述中正确的是________。

A)宏名必须用大写字母表示　B)宏定义必须位于源程序中所有语句之前

C)宏替换没有数据类型限制　D)宏调用比函数调用耗费时间

17. 有以下程序：

```
#include <stdio.h>
main()
{ int i,j;
  for(i=3;i>=1;i--)
  { for(j=1;j<=2;j++)printf("%d ",i+j);
    printf("\n");
  }
}
```

程序的运行结果是________。

A) 2　3　4　　B) 4　3　2　　C) 2　3　　D) 4　5
　 3　4　5　　　 5　4　3　　　 3　4　　　 3　4
　　　　　　　　　　　　　　　 4　5　　　 2　3

18. 有以下程序：

```
#include <stdio.h>
main()
{ int x=1,y=2,z=3;
  if(x>y)
   if(y<z)printf("%d",++z);
   else printf("%d",++y);
    printf("%d\n",x++);
}
```

程序的运行结果是________。

A) 331　　B) 41　　C) 2　　D) 1

19. 有以下程序：

```
#include <stdio.h>
main()
{ int i=5;
  do
  { if(i%3==1)
     if(i%5==2)
     { printf("*%d",i); break; }
     i++;
  } while(i!=0);
  printf("\n");
}
```

程序的运行结果是________。

A) *7　　B) *3*5　　C) *5　　D) *2*6

20. 有以下程序：

```
#include <stdio.h>
int fun(int a, int b)
{ if(b==0)return a;
  else return(fun(--a,--b));
}
main()
{ printf("%d\n",fun(4,2)); }
```

程序的运行结果是________。

A)1　　B)2　　C)3　　D)4

21. 有以下程序：

```
#include <stdio.h>
#include <stdlib.h>
int fun(int n)
{ int *p;
  p=(int*)malloc(sizeof(int));
  *p=n;   return *p;
}
main()
{ int a;
  a=fun(10);   printf("%d\n",a+fun(10));
}
```

程序的运行结果是________。

A)0　　B)10　　C)20　　D)出错

22. 有以下程序：

```
#include <stdio.h>
void fun(int a,int b)
{ int t;
  t=1;a=b;b=t;
}
main()
{ int c[10]={1,2,3,4,5,6,7,8,9,0},i;
  for(i=0;i<10;i+=2)fun(c[i],c[i+1]);
  for(i=0;i<10;i++)printf("%d,",c[i]);
  printf("\n");
}
```

程序的运行结果是________。

A)1,2,3,4,5,6,7,8,9,0,　　B)2,1,4,3,6,5,8,7,0,9,

C)0,9,8,7,6,5,4,3,2,1,　　D)0,1,2,3,4,5,6,7,8,9,

23. 有以下程序：

```
#include <stdio.h>
struct st
{ int x,y;}data[2]={1,10,2,20};
main()
{ struct st *p=data;
  printf("%d,",p->y);    printf("%d\n",(++p)->x);
}
```

程序的运行结果是________。

A)10,1　　B)20,1　　C)10,2　　D)20,2

24.有以下程序：

```
#include <stdio.h>
void fun(int a[],int n)
{ int i,t;
  for(i=0;i<n;i++){t=a[i]; a[i]=a[n-1-i]; a[n-1-i]=t; }
}
main()
{ int k[10]={1,2,3,4,5,6,7,8,9,10},i;
  fun(k,5);
  for(i=2;i<8;i++)printf("%d",k[i]);
  printf("\n");
}
```

程序的运行结果是________。

A)345678　　B)876543　　C)1098765　　D)321678

25.有以下程序：

```
#include <stdio.h>
#define N 4
void fun(int a[][N], int b[])
{ int i;
  for(i=0;i<N;i++)b[i]=a[i][i];
}
main()
{ int x[][N]={{1,2,3},{4},{5,6,7,8},{9,10}},y[N],i;
  fun(x,y);
  for(i=0;i<N;i++)printf("%d,",y[i]);
  printf("\n");
}
```

程序的运行结果是________。

A)1,2,3,4,　　B)1,0,7,0,

C)1,4,5,9,　　D)3,4,8,10,

26. 有以下程序：

```
#include <stdio.h>
int fun(int (*s)[4],int n,int k)
{ int m,i;
  m=s[0][k];
  for(i=1;i<n;i++)if(s[i][k]>m)m=s[i][k];
  return m;
}
main()
{ int a[4][4]={{1,2,3,4},{11,12,13,14},{21,22,23,24},{31,32,33,34}};
  printf("%d\n",fun(a,4,0));
}
```

程序的运行结果是________。

A)4　　B)34　　C)31　　D)32

27. 有以下程序：

```
#include <stdio.h>
main()
{ struct STU{ char name[9]; char sex; double score[2];};
  struct STU a={"Zhao",'m',85.0,90.0},b={"Qian",'f',95.0,92.0};
  b=a;
  printf("%s,%c,%2.0f,%2.0f\n",b.name,b.sex,b.score[0],b.score[1]);
}
```

程序的运行结果是________。

A)Qian,f,95,92　　B)Qian,m,85,90　　C)Zhao,f,95,92　　D)Zhao,m,85,90

28. 假定已建立以下链表结构，且指针 p 和 q 已指向如图所示的结点：

则以下选项中可将 q 所指结点从链表中删除并释放该结点的语句组是________。

A)(*p).next=(*q).next; free(p);　　B)p=q->next; free(q);

C)p=q; free(q);　　D)p->next=q->next; free(q);

29. 有以下程序：

```
#include <stdio.h>
main()
{ char a=4;
  printf("%d\n",a=a<<1);
}
```

程序的运行结果是________。

A)40　　B)16　　C)8　　D)4

30. 有以下程序：

```
#include <stdio.h>
main()
{ FILE *pf;
  char *s1="China", *s2="Beijing";
  pf=fopen("abc.dat","wb+");
  fwrite(s2,7,1,pf);
  rewind(pf);      /*文件位置指针回到文件开头*/
  fwrite(s1,5,1,pf);
  fclose(pf);
}
```

以上程序执行后 abc. dat 文件的内容是________。

A)China　　B)Chinang　　C)ChinaBeijing　　D)BeijingChina

二、填空题(每空 4 分,共 40 分)

1. 设变量 a 和 b 已正确定义并赋初值。请写出"a-=a+b"等价的赋值表达式________。

2. 若整形变量 a 和 b 中的值分别为 7 和 9,要求按以下格式输出 a 和 b 的值：

a=7

b=9

请完成输出语句：printf("________",a,b);

3. 以下程序的输出结果是________。

```
#include <stdio.h>
main()
{ int i,j,sum;
  for(i=3;i>=1;i--)
  { sum=0;
    for(j=1;j<=i;j++)sum+=i*j;
  }
  printf("%d\n",sum);
}
```

4. 以下程序的输出结果是________。

```
#include <stdio.h>
main()
{ int j,a[]={1,3,5,7,9,11,13,15}, *p=a+5;
  for(j=3; j; j--)
  { switch(j)
    {case 1:
    case 2: printf("%d\n", *p++); break;
    case 3: printf("%d\n", *(--p));
```

```
      }
    }
  }
```

5. 以下程序的输出结果是________。

```
#include <stdio.h>
#define N 5
int fun(int *s,int a,int n)
{ int j;
  *s=a; j=n;
  while(a!=s[j])j--;
  return j;
}
main()
{ int s[N+1]; int k;
  for(k=1;k<=N;k++)s[k]=k+1;
  printf("%d\n",fun(s,4,N));
}
```

6. 以下程的输出结果是________。

```
#include <stdio.h>
int fun(int x)
{ static int t=0;
  return (t+=x);
}
main()
{ int s,i;
  for(i=1;i<=5;i++)s=fun(i);
  printf("%d\n",s);
}
```

7. 以下程序按下面指定的数据给 x 数组的下三角置数，并按如下形式输出，请填空。

```
4
3    7
2    6    9
1    5    8    10
```

```
#include <stdio.h>
main()
{ int x[4][4]={0},n=0,i,j;
  for(j=0;j<4;j++)
    for(i=3;i>=j; ________){n++;x[i][j]= ________;}
  for(i=0;i<4;i++)
```

```
{ for(j=0;j<=i;j++)printf("%5d",x[i][j]);
   printf("\n");
   }
}
```

8. 以下程序的功能是：通过函数 func 输入字符，并统计输入字符的个数。输入时用字符@作为输入结束标志。请填空。

```
#include <stdio.h>
long ________;  /* 函数说明语句 */
main()
{ long n;
  n=func(); printf("n=%ld\n",n);
}
long func()
{ long m;
  for(m=0;getchar()!='@'; ________);
  return m;
}
```

模拟试卷(五)参考答案

一、选择题(每小题 2 分，共 60 分)

1. C;	2. D;	3. A;	4. C;	5. D;
6. A;	7. D;	8. C;	9. B;	10. C;
11. C;	12. A;	13. B;	14. A;	15. B;
16. C;	17. D;	18. D;	19. A;	20. B;
21. C;	22. A;	23. C;	24. A;	25. B;
26. C;	27. D;	28. D;	29. C;	30. B。

二、填空题(每空 4 分，共 40 分)

1. a=-b

2. a=%d\nb=%d(此处也可以写成 a=%d\nb=%d\n)

3. 1

4. 9
9
11

5. 3

6. 15

7. i--　　　n

8. func()　　　m++

模拟试卷(六)

一、选择题(每小题 2 分,共 60 分)

1. 以下选项中合法的标识符是________。

A)1_1　　B)1－1　　C)_11　　D)1_

2. 若函数中有定义语句:“int k;”,则________。

A)系统将自动给 k 赋初值 0　　B)这时 k 中的值无定义

C)系统将自动给 k 赋初值－1　　D)这时 k 中无任何值

3. 以下选项中,能用作数据常量的是________。

A)o115　　B)0118　　C)1.5e1.5　　D)115L

4. 设有定义:“int x=2;”,以下表达式中值不为 6 的是________。

A)x * =x+1　　B)x++,2 * x　　C)x * =(1+x)　　D)2 * x,x+=2

5. 程序段:“int x=12; double y=3.141593; printf("%d%8.6f",x,y);”的输出结果是________。

A)123.141593　　B)12 3.141593　　C)12,3.141593　　D)123.1415930

6. 若有定义语句:“double x,y,* px,* py;”执行了“px=&x;py=&y;”之后,正确的输入语句是________。

A)scanf("%f%f",x,y);　　B)scanf("%f%f" &x,&y);

C)scanf("%lf%le",px,py);　　D)scanf("%lf%lf",x,y);

7. 以下是 if 语句的基本形式

if(表达式)　语句

其中"表达式"________。

A)必须是逻辑表达式　　B)必须是关系表达式

C)必须是逻辑表达式或关系表达式　　D)可以是任意合法的表达式

8. 有以下程序:

```
#include <stdio.h>
main()
{ int x;
  scanf("%d",&x);
  if(x<=3);
  else
  if(x!=10)printf("%d\n",x);
}
```

程序运行时,输入的值在哪个范围才会有输出结果________。

A)不等于 10 的整数　　B)大于 3 且不等于 10 的整数

C)大于 3 或等于 10 的整数　　D)小于 3 的整数

9. 有以下程序:

```
#include <stdio.h>
```

```
main()
{ int a=1,b=2,c=3,d=0;
  if(a==1&&b++==2)
    if(b!=2||c--!=3)
      printf("%d,%d,%d\n",a,b,c);
    else printf("%d,%d,%d\n",a,b,c);
  else printf("%d,%d,%d\n",a,b,c);
}
```

程序运行后输出结果是________。

A)1,2,3　　B)1,3,2　　C)1,3,3　　D)3,2,1

10. 以下程序段中的变量已正确定义。

```
for(i=0;i<4;i++,j++)
  for(k=1;k<3;k++); printf("*");
```

程序段的输出结果是________。

A) ********　　B) ****　　C) **　　D) *

11. 有以下程序：

```
#include <stdio.h>
main()
{ char *s={"ABC"};
  do
  { printf("%d",*s%10);s++;
  }while(*s);
}
```

注意：字母 A 的 ASCII 码值为 65。程序运行后的输出结果是________。

A)5670　　B)656667　　C)567　　D)ABC

12. 设变量已正确定义，以下不能统计出一行中输入字符个数(不包含回车符)的程序段是________。

A)n=0;while((ch=getchar())!='\n')n++;

B)n=0;while(getchar()!='\n')n++;

C)for(n=0;getchar()!='\n';n++);

D)n=0;for(ch=getchar();ch!='\n';n++);

13. 有以下程序：

```
#include <stdio.h>
main()
{ int a1,a2; char c1,c2;
  scanf("%d%c%d%c",&a1,&c1,&a2,&c2);
  printf("%d,%c,%d,%c",a1,c1,a2,c2);
}
```

若通过键盘输入，使得 a1 的值为 12，a2 的值为 34，c1 的值为字符 a，c2 的值为字符 b，程序输出结果是:12,a,34,b 则正确的输入格式是(以下__代表空格)________。

A)12a34b↙ B)12 __ a __ 34 __ b↙ C)12,a,34,b↙ D)12 __ a34 __ b↙

14. 有以下程序:

```
#include <stdio.h>
int f(int x,int y)
{ return ((y-x) * x);}
main()
{ int a=3,b=4,c=5,d;
  d=f(f(a,b),f(a,c));
  printf("%d\n",d);
}
```

程序运行后的输出结果是________。

A)10 B)9 C)8 D)7

15. 有以下程序:

```
#include <stdio.h>
void fun(char * s)
{ while( * s)
   { if( * s%2==0)printf("%c", * s);
     s++;
   }
}
main()
{ char a[]={"good"};
  fun(a); printf("\n");
}
```

注意:字母 a 的 ASCII 码值为 97,程序运行后的输出结果是________。

A)d B)go C)god D)good

16. 有以下程序:

```
#include <stdio.h>
void fun(int * a,int * b)
{ int * c;
  c=a; a=b; b=c;
}
main()
{ int x=3,y=5, * p=&x, * q=&y;
  fun(p,q); printf("%d,%d,", * p, * q);
  fun(&x,&y); printf("%d,%d\n", * p, * q);
}
```

程序运行后输出的结果是________。

A)3,5,5,3　　B)3,5,3,5　　C)5,3,3,5　　D)5,3,5,3

17. 有以下程序：

```
#include <stdio.h>
void f(int *p,int *q);
main()
{ int m=1,n=2,*r=&m;
  f(r,&n); printf("%d,%d",m,n);
}
void f(int *p,int *q)
{ p=p+1; *q=*q+1;}
```

程序运行后的输出结果是________。

A)1,3　　B)2,3　　C)1,4　　D)1,2

18. 以下函数按每行 8 个输出数组中的数据。

```
#include <stdio.h>
void fun(int *w,int n)
{ int i;
  for(i=0;i<n;i++)
  {__________
  printf("%d",w[i]);
  }
  printf("\n");
}
```

下划线应填入的语句是________。

A)if(i/8==0)printf("\n");　　B)if(i/8==0)continue;

C)if(i%8==0)printf("\n");　　D)if(i%8==0)continue;

19. 若有以下定义：

int x[10],*pt=x;

则对数组元素的正确引用是________。

A)*&x[10]　　B)*(x+3)　　C)*(pt+10)　　D)pt+3

20. 设有定义："char s[81];int i=0;"，以下不能将一行（不超过 80 个字符）带有空格的字符串正确读入的语句或语句组是________。

A)gets(s);　　B)while((s[i++]=getchar())!='\n');s[i]='\0';

C)scanf("%s",s);　　D)do{scanf("%c",&s[i]);}while(s[i++]!='\n');s[i]='\0';

21. 有以下程序：

```
#include <stdio.h>
main()
{ char *a[]={"abcd","ef","gh","ijk"};int i;
  for(i=0; i<4; i++)printf("%c",*a[i]);
}
```

程序运行后的输出结果是________。

A)aegi　　B)dfhk　　C)dfhk　　D)abcdefghijk

22. 以下选项中正确的语句组是________。

A)char s[];s="BOOK!";　　B)char *s;s={"BOOK!"};

C)char s[10];s="BOOK!";　　D)char *s;s="BOOK!";

23. 有以下程序：

```
#include <stdio.h>
int fun(int x,int y)
{ if(x==y)return (x);
  else return((x+y)/2);
}
main()
{ int a=4,b=5,c=6;
  printf("%d\n",fun(2*a,fun(b,c)));
}
```

程序运行后的输出结果是________。

A)3　　B)6　　C)8　　D)12

24. 设函数中有整型变量 n，为保证其在未赋初值的情况下初值为 0，应该选择的存储类别是________。

A)auto　　B)register　　C)static　　D)auto 或 register

25. 有以下程序：

```
#include <stdio.h>
int b=2;
int fun(int *k)
{ b=*k+b; return (b);}
main()
{ int a[10]={1,2,3,4,5,6,7,8},i;
  for(i=2;i<4;i++){b=fun(&a[i])+b; printf("%d ",b);}
  printf("\n");
}
```

程序运行后的输出结果是________。

A)10 12　　B)8 10　　C)10 28　　D)10 16

26. 有以下程序：

```
#include <stdio.h>
#define PT 3.5;
#define S(x)PT*x*x;
main()
{ int a=1,b=2; printf("%4.1f\n",S(a+b));}
```

程序运行后的输出结果是________。

A)14.0　　B)31.5　　C)7.5　　D)程序有错无输出结果

27. 有以下程序：

```
#include <stdio.h>
struct ord
{ int x,y;}dt[2]={1,2,3,4};
main()
{ struct ord *p=dt;
  printf("%d,",++p->x); printf("%d\n",++p->y);
}
```

程序的运行结果是________。

A)1,2　　B)2,3　　C)3,4　　D)4,1

28. 设有宏定义：#define IsDIV(k,n)((k%n==1)? 1:0)且变量 m 已正确定义并赋值，则宏调用：IsDIV(m,5)&&IsDIV(m,7)为真时所要表达的是________。

A)判断 m 是否能被 5 或 7 整除　　B)判断 m 是否能被 5 和 7 整除

C)判断 m 被 5 或 7 整除是否余 1　　D)判断 m 被 5 和 7 整除是否都余 1

29. 有以下程序：

```
#include <stdio.h>
main()
{ int a=5,b=1,t;
  t=(a<<2)|b; printf("%d\n",t);
}
```

程序运行后的输出结果是________。

A)21　　B)11　　C)6　　D)1

30. 有以下程序：

```
#include <stdio.h>
main()
{ FILE *f;
  f=fopen("filea.txt","w");
  fprintf(f,"abc");
  fclose(f);
}
```

若文本文件“filea.txt”中原有内容为：hello，则运行以上程序后，文件“filea.txt”的内容为________。

A)helloabc　　B)abclo

C)abc　　D)abchello

二、填空题(每空 4 分，共计 40 分)

1. 表达式(int)((double)(5/2)+2.5)的值是________。

2. 若变量 x、y 已定义为 int 类型，且 x 的值为 99，y 的值为 9，请将输出语句“printf(________,x/y);”补充完整，使其输出的计算结果形式为：x/y=11。

3. 有以下程序：

```
#include <stdio.h>
main()
{ char c1,c2;
   scanf("%d",&c1);
   while(c1<65||c1>90)scanf("%c",&c1);
   c2=c1+32;
   printf("%c,%c\n",c1,c2);
}
```

程序运行输入 65 回车后，能否输出结果结束运行(请回答能或不能)________。

4. 以下程序运行后的输出结果是________。

```
#include <stdio.h>
main()
{ int k=1,s=0;
   do{
      if((k%2)!=0)continue;
      s+=k; k++;
     }while(k>10);
     printf("s=%d\n",s);
}
```

5. 下列程序运行时，若输入 labcedf2df↙输出结果为________。

```
#include <stdio.h>
main()
{ char a=0,ch;
  while(ch=getch()!='\n')
  { if(a%2!=0&&(ch>='a'&&ch<='z'))ch=ch-'a'+'A';
    a++; putchar(ch);
  }
  printf("\n");
}
```

6. 有以下程序，程序执行后，输出结果是________。

```
#include <stdio.h>
void fun(int *a)
{ a[0]=a[1];}
main()
{ int a[10]={10,9,8,7,6,5,4,3,2,1},i;
  for(i=2;i>=0;i--)fun(&a[i]);
  for(i=0;i<10;i++)printf("%d",a[i]);
  printf("\n");
```

```
}
```

7. 请将以下程序中的函数声明语句补充完整。

```
#include <stdio.h>
int ________________;
main()
{ int x,y,(*p)(int,int);
  scanf("%d%d",&x,&y);
  p=max;
  printf("%d\n",(*p)(x,y));
}
int max(int a,int b)
{ return (a>b? a:b);}
```

8. 以下程序用来判断指定文件是否能正常打开，请填空。

```
#include <stdio.h>
int max(int a,int b);
main()
{ FILE *fp;
  if(((fp=fopen ("test.txt","r"))==________________))
    printf("未能打开文件！\n");
  else
    printf("文件打开成功！\n");
}
```

9. 下列程序的运行结果为________________。

```
#include <stdio.h>
#include <string.h>
struct A
{ int a; char b[10];double c;};
void f(struct A *t);
main()
{ struct A a={1001,"ZhangDa",1098.0};
  f(&a); printf("%d,%s,%6.1f\n",a.a,a.b,a.c);
}
void f(struct A *t)
{ strcpy(t->b,"ChangRong");}
```

10. 以下程序把三个 NODETYPE 型的变量链接成一个简单的链表，并在 while 循环中输出链表结点数据域中的数据，请填空。

```
#include <stdio.h>
struct node
{int data; struct node *next;};
```

```
typedef struct node NODETYPE;
main()
{ NODETYPE a,b,c, *h, *p;
  a.data=10; b.data=20; c.data=30; h=&a;
  a.next=&b; b.next=&c; c.next='\0';
  p=h;
  while(p){printf("%d,", p->data); ________;}
  printf("\n");
}
```

模拟试卷(六)参考答案

一、选择题(每小题 2 分,共 60 分)

1. C;	2. B;	3. D;	4. D;	5. A;
6. C;	7. D;	8. B;	9. C;	10. D;
11. C;	12. D;	13. A;	14. B;	15. A;
16. B;	17. A;	18. C;	19. B;	20. C;
21. A;	22. D;	23. B;	24. C;	25. C;
26. D;	27. B;	28. D;	29. A;	30. C。

二、填空题(每空 4 分,共 40 分)

1. 4
2. "x/y=%d"
3. 能
4. s=0
5. lAbCeDf2dF
6. 7777654321
7. max(int a,int b)
8. NULL
9. 1001,ChangRong,1098.0
10. p=p->next

模拟试卷(七)

一、选择题(每小题 2 分,共 60 分)

1. 以下叙述中正确的是________。

A)程序设计的任务就是编写程序代码并上机调试

B)程序设计的任务就是确定所用数据结构

C)程序设计的任务就是确定所用算法

D)以上三种说法都不完整

2. 以下选项中,能用作用户标识符的是________。

A)void　　B)8_8　　C)_0_　　D)unsigned

3. 阅读以下程序：

```
#include <stdio.h>
main()
{ int case; float printF;
 printf("请输入 2 个数:");
 scanf("%d %f", &case, &printF);
 printf("%d %f\n",case,printF);
}
```

该程序编译时产生错误，其出错的原因是________。

A)定义语句出错，case 是关键字，不能用作用户自定义标识符

B)定义语句出错，printF 不能用作用户自定义标识符

C)定义语句无错，scanf 不能作为输入函数使用

D)定义语句无错，printf 不能输出 case 的值

4. 表达式“(int)((double)9/2)－(9)%2”的值是________。

A)0　　B)3　　C)4　　D)5

5. 若有定义语句：“int x=10;”，则表达式“x－＝x＋x”的值为________。

A)－20　　B)－10　　C)0　　D)10

6. 有以下程序：

```
#include <stdio.h>
main()
{ int a=1,b=0;
  printf("%d, ",b=a+b);
  printf("%d\n",a=2*b);
}
```

程序运行后的输出结果是________。

A)0,0　　B)1,0　　C)3,2　　D)1,2

7. 设有定义：“int a = 1, b = 2, c = 3;”，以下语句中执行效果与其他三个不同的是________。

A)if(a>b)c=a,a=b,b=c;　　B)if(a>b){c=a,a=b,b=c;}

C)if(a>b)c=a;a=b;b=c;　　D)if(a>b){c=a;a=b;b=c;}

8. 有以下程序：

```
#include <stdio.h>
main()
{ int c=0,k;
  for (k=1;k<3;k++)
  switch (k)
  { default: c+=k;
  case 2: c++;break;
```

```
  case 4: c+=2;break;
 }
 printf("%d\n",c);
}
```

程序运行后的输出结果是________。

A)3　　B)5　　C)7　　D)9

9. 以下程序段中,与语句"k=a>b?(b>c?1:0):0;"功能相同的是________。

```
A)if((a>b)&&(b>c))k=1;          B)if((a>b)||(b>c)k=1;
  else k=0;                        else k=0;
C)if(a<=b)k=0;                   D)if(a>b)k=1;
  else if(b<=c)k=1;                else if(b>c)k=1;
                                     else k=0;
```

10. 有以下程序:

```
#include <stdio.h>
main()
{ char s[ ]={"012xy"}; int i,n=0;
  for(i=0;s[i]!=0;i++)
    if(s[i]>='a'&& s[i]<='z')n++;
      printf("%d\n",n);
}
```

程序运行后的输出结果是________。

A)0　　B)2　　C)3　　D)5

11. 有以下程序:

```
#include <stdio.h>
main()
{ int n=2,k=0;
  while(k++&&n++>2);
  printf("%d %d\n",k,n);
}
```

程序运行后的输出结果是________。

A)0 2　　B)1 3　　C)5 7　　D)1 2

12. 有以下定义语句,编译时会出现编译错误的是________。

A)char a='a';　　B)char a='\n';　　C)char a='aa';　　D)char a='\x2d';

13. 有以下程序:

```
#include <stdio.h>
main()
{ char c1,c2;
  c1='A'+'8'-'4';
  c2='A'+'8'-'5';
```

```
  printf("%c,%d\n",c1,c2);
}
```

已知字母 A 的 ASCII 码为 65,程序运行后的输出结果是________。

A)E,68　　B)D,69　　C)E,D　　D)输出无定值

14. 有以下程序:

```
#include <stdio.h>
void fun(int p)
{ int d=2;
  p=d++; printf("%d",p);
}
main()
{ int a=1;
  fun(a); printf("%d\n",a);
}
```

程序运行后的输出结果是________。

A)32　　B)12　　C)21　　D)22

15. 以下函数 findmax 拟实现在数组中查找最大值并作为函数值返回,但程序中有错导致不能实现预定功能。

```
#define MIN-2147483647
int findmax(int x[],int n)
{ int i,max;
  for(i=0;i<n;i++)
  { max=MIN;
    if(max<x[i])max=x[i];}
  return max;
}
```

造成错误的原因是________。

A)定义语句 int i,max;中 max 未赋初值

B)赋值语句 max=MIN;中,不应给 max 赋 MIN 值

C)语句 if(max<x[i])max=x[i];中判断条件设置错误

D)赋值语句 max=MIN;放错了位置

16. 有以下程序:

```
#include <stdio.h>
main()
{ int m=1,n=2,*p=&m,*q=&n,*r;
  r=p;p=q;q=r;
  printf("%d,%d,%d,%d\n",m,n,*p,*q);
}
```

程序运行后的输出结果是________。

A)1,2,1,2　　B)1,2,2,1　　C)2,1,2,1　　D)2,1,1,2

17. 若有定义语句:"int a[4][10], * p, * q[4];",且 0≤i<4,则错误的赋值是________。

A)p=a　　B)q[i]=a[i]　　C)p=a[i]　　D)p=&a[2][1]

18. 有以下程序:

```
#include <stdio.h>
#include <string.h>
main()
{ char str[ ][20]={ "One * World", "One * Dream!"}, * p=str[1];
  printf("%d,",strlen(p));printf("%s\n",p);
}
```

程序运行后的输出结果是________。

A)9,One * World　　B)9,One * Dream!

C)10,One * Dream!　　D)10,One * World

19. 有以下程序:

```
#include <stdio.h>
main()
{ int a[ ]={2,3,5,4},i;
  for(i=0;i<4;i++)
  switch(i%2)
  { case 0:  switch(a[i]%2)
             {case 0:a[i]++;break;
             case 1:a[i]--;
             }break;
  case 1:a[i]=0;
}
for(i=0;i<4;i++)printf("%d ",a[i]); printf("\n");
}
```

程序运行后的输出结果是________。

A)3 3 4 4　　B)2 0 5 0　　C)3 0 4 0　　D)0 3 0 4

20. 有以下程序:

```
#include <stdio.h>
#include <string.h>
main()
{  char a[10]= "abcd";
   printf("%d,%d\n",strlen(a),sizeof(a));
}
```

程序运行后的输出结果是________。

A)7,4　　B)4,10　　C)8,8　　D)10,10

21. 下面是有关C语言字符数组的描述,其中错误的是________。

A)不可以用赋值语句给字符数组名赋字符串

B)可以用输入语句把字符串整体输入给字符数组

C)字符数组中的内容不一定是字符串

D)字符数组只能存放字符串

22.下列函数的功能是________。

```
fun(char * a,char * b)
{ while((* b= * a)!= '\0'){a++,b++;} }
```

A)将 a 所指字符串赋给 b 所指空间

B)使指针 b 指向 a 所指字符串

C)将 a 所指字符串和 b 所指字符串进行比较

D)检查 a 和 b 所指字符串中是否有'\0'

23.设有以下函数：

```
void fun(int n,char * s){……}
```

则下面对函数指针的定义和赋值均是正确的是________。

A)void (* pf)(); pf=fun;　　B)viod * pf(); pf=fun;

C)void * pf(); * pf=fun;　　D)void (* pf)(int,char);pf=&fun;

24.有以下程序：

```
#include <stdio.h>
int f(int n);
main()
{ int a=3,s;
    s=f(a);s=s+f(a);printf("%d\n",s);
}
int f(int n)
{ static int a=1;
  n+=a++;
  return n;
}
```

程序运行以后的输出结果是________。

A)7　　B)8　　C)9　　D)10

25.有以下程序：

```
#include <stdio.h>
#define f(x)x * x * x
main()
{ int a=3,s,t;
  s=f(a+1);t=f((a+1));
  printf("%d,%d\n",s,t);
}
```

程序运行后的输出结果是________。

A)10,64　　B)10,10　　C)64,10　　D)64,64

26.下面结构体的定义语句中,错误的是________。

A)struct ord {int x;int y;int z;}; struct ord a;

B)struct ord {int x;int y;int z;} struct ord a;

C)struct ord {int x;int y;int z;} a;

D)struct {int x;int y;int z;} a;

27.设有定义:"char ＊c;",以下选项中能够使字符型指针c正确指向一个字符串的是______。

A)char str[ ]＝"string";c＝str;　　B)scanf("%s",c);

C)c＝getchar();　　D)＊c＝"string";

28.有以下程序:

```
#include <stdio.h>
#include <string.h>
struct A
{ int a; char b[10]; double c;};
 struct A f(struct A t);
 main()
 { struct A a={1001, "ZhangDa",1098.0};
  a=f(a); printf("%d,%s,%6.1f\n",a.a,a.b,a.c);
 }
 struct A f(struct A t)
 { t.a=1002;strcpy(t.b, "ChangRong");t.c=1202.0;return t; }
```

程序运行后的输出结果是________。

A)1001,ZhangDa,1098.0　　B)1001,ZhangDa,1202.0

C)1001,ChangRong,1098.0　　D)1002,ChangRong,1202.0

29.若有以下程序段:

```
int r=8;
printf("%d\n",r>>1);
```

输出结果是________。

A)16　　B)8　　C)4　　D)2

30.下列关于C语言文件的叙述中正确的是________。

A)文件由一系列数据依次排列组成,只能构成二进制文件

B)文件由结构序列组成,可以构成二进制文件或文本文件

C)文件由数据序列组成,可以构成二进制文件或文本文件

D)文件由字符序列组成,其类型只能是文本文件

二、填空题(每空4分,共40分)

1.若有定义语句:"int a＝5;",则表达式"a＋＋"的值是________。

2.若有语句"double x ＝ 17; int y;",当执行"y ＝ (int)(x/5)% 2;"之后y的值为________

3. 以下程序运行后的输出结果是＿＿＿＿＿＿＿＿。

```
#include <stdio.h>
main()
{ int x=20;
  printf("%d",0<x<20);
  printf("%d\n",0<x&&x<20); }
```

4. 以下程序运行后的输出结果是＿＿＿＿＿＿＿＿。

```
#include <stdio.h>
main()
{ int a=1,b=7;
  do {
       b=b/2;a+=b;
     } while (b>1);
  printf("%d\n",a);}
```

5. 有以下程序：

```
#include <stdio.h>
main()
{ int f,f1,f2,i;
  f1=0;f2=1;
  printf("%d %d ",f1,f2);
  for(i=3;i<=5;i++)
  { f=f1+f2; printf("%d",f);
    f1=f2; f2=f;
  }
  printf("\n");
}
```

程序运行后的输出结果是＿＿＿＿＿＿＿＿。

6. 有以下程序：

```
#include <stdio.h>
int a=5;
void fun(int b)
{ int a=10;
  a+=b;printf("%d",a);
}
main()
{ int c=20;
  fun(c);a+=c;printf("%d\n",a);
}
```

程序运行后的输出结果是＿＿＿＿＿＿＿＿。

7.设有定义：

```
struct person
{ int ID;char name[12];}p;
```

请将 scanf("%d", ________________);语句补充完整，使其能够为结构体变量 p 的成员 ID 正确读入数据。

8.有以下程序：

```
#include <stdio.h>
main()
{ char a[20]= "How are you? ",b[20];
  scanf("%s",b);printf("%s %s\n",a,b);
}
```

程序运行时从键盘输入:How are you? ↙

则输出结果为________________。

9.有以下程序：

```
#include <stdio.h>
typedef struct
{ int num;double s;}REC;
void fun1( REC x ){x.num=23;x.s=88.5;}
main()
{ REC a={16,90.0 };
  fun1(a);
  printf("%d\n",a.num);
}
```

程序运行后的输出结果是________________。

10.有以下程序：

```
#include <stdio.h>
fun(int x)
{ if(x/2>0)fun(x/2);
  printf("%d ",x);
}
main()
{ fun(6);printf("\n"); }
```

程序运行后的输出结果是________________。

模拟试卷(七)参考答案

一、选择题(每小题 2 分，共 60 分)

1. D；	2. C；	3. A；	4. B；	5. B；
6. D；	7. C；	8. A；	9. A；	10. B；

11. D; 12. C; 13. A; 14. C; 15. D;
16. B; 17. A; 18. C; 19. C; 20. B;
21. D; 22. A; 23. A; 24. C; 25. A;
26. B; 27. A; 28. D; 29. C; 30. C。

二、填空题(每空 4 分,共 40 分)

1. 5
2. 1
3. 10
4. 5
5. 0 1 123
6. 3025
7. &p. ID
8. How are you? How
9. 16
10. 1 3 6

模拟试卷(八)

一、选择题(每小题 2 分,共 60 分)

1. 以下叙述正确的是________。

A)C 语言程序是由过程和函数组成的

B)C 语言函数可以嵌套调用,如 fun(fun(x))

C)C 语言函数不可以单独编译

D)C 语言中除了 main 函数,其他函数不可作为单独文件形式存在

2. 以下关于 C 语言的叙述中正确的是________。

A)C 语言中的注释不可以夹在变量名或关键字的中间

B)C 语言中的变量可以在使用之前的任何位置进行定义

C)在 C 语言算术表达式的书写中,运算符两侧的运算数类型必须一致

D)C 语言的数值常量中夹带空格不影响常量值的正确表示

3. 以下 C 语言用户标识符中,不合法的是________。

A)_1　　B)AaBc　　C)a_b　　D)a--b

4. 若有定义:"double a=22; int i=0, k=18;",则不符合 C 语言规定的赋值语句是________。

A)a=a++, i++;　　B)i=(a+k)<=(i+k);

C)i=a<<;　　D)i=!a;

5. 有以下程序:

```
#include <stdio.h>
main()
{ char a,b,c,d;
```

```
  scanf("%c%c",&a,&b);
  c=getchar(); d=getchar();
  printf("%c%c%c%c\n",a,b,c,d);
}
```

当执行程序时,按下列方式输入数据(从第1列开始,代表回车,注意:回车也是一个字符)

12↙

34↙

则输出结果是________。

A)1234　　　　B)12

C)12
3

D)12
34

6. 以下关于C语言数据类型使用的叙述中错误的是________。

A)若要准确无误差的表示自然数,应使用整数类型

B)若要保存带有多位小数的数据,应使用双精度类型

C)若要处理如"人员信息"等含有不同类型的相关数据,应自定义结构体类型

D)若只处理"真"和"假"两种逻辑值,应使用逻辑类型

7. 若a是数值类型,则逻辑表达式(a==1)||(a!=1)的值是________。

A)1　　B)0　　C)2　　D)不知道a的值,不能确定

8. 以下选项中与"if(a==1)a=b; else a++;"语句功能不同的switch语句是________。

A)
```
switch(a)
{case:a=b;break;
default:a++;
}
```

B)
```
switch(a==1)
{case 0:a=b;break;
case 1:a++;
}
```

C)
```
switch(a)
{default: a++; break;
case 1:a=b;
}
```

D)
```
switch(a==1)
{case 1: a=b;break;
case 0: a++;
}
```

9. 有如下嵌套的if语句:

```
if (a<b)
    if(a<c)k=a;
    else   k=c;
else
    if(b<c)k=b;
    else    k=c;
```

以下选项中与上述if语句等价的语句是________。

A)k=(a<b)? a:b; k=(b<c)? b:c

B)k=(a<b)? ((b<c)? a:b)? ((b<c)? b:c);

C)k=(a<b)? ((a<c)? a:c)? ((b<c)? b:c);

D)k=(a<b)? a:b; k=(a<c)? a;c

10. 有以下程序:

```
#include <stdio.h>
main()
{ int i,j,m=1;
  for(i=1;i<3;i++)
  { for(j=3;j>0;j--)
    { if(j<3)break;
      m=i*j;
    }
  }
  printf("m=%d\n",m);
}
```

程序运行后的输出结果是________。

A)m=6　　B)m=2　　C)m=4　　D)m=5

11. 有以下程序:

```
#include <stdio.h>
main()
{ int a=1,b=2;
  for( ;a<8;a++){b+=a;a+=2;}
  printf("%d,%d\n",a,b);
}
```

程序运行后的输出结果是________。

A)9,18　　B)8,11　　C)7,11　　D)10,14

12. 有以下程序,其中 k 的初值为八进制数。

```
#include <stdio.h>
main()
{ int k=011;
  printf("%d\n",k++);
}
```

程序运行后的输出结果是________。

A)12　　B)11　　C)10　　D)9

13. 下列语句组中,正确的是________。

A)char *s;s="Olympic";　　B)char s[7];s="Olympic";

C)char *s;s={"Olympic"};　　D)char s[7];s={"Olympic"};

14. 以下关于 return 语句的叙述中正确的是________。

A)一个自定义函数中必须有一条 return 语句

B)一个自定义函数中可以根据不同情况设置多条 return 语句

C)定义成 void 类型的函数中可以有带返回值的 return 语句

D)没有 return 语句的自定义函数在执行结束时不能返回到调用处

15. 下列选项中,能正确定义数组的语句是________。

A)int num[0..2008];　　B)int num[ ];

C)int N=2008;
int num[N];　　D)#define N 2008
int num[N];

16. 有以下程序:

```
#include <stdio.h>
void fun(char *c,int d)
{ *c=*c+1; d=d+1;
  printf("%c,%c,",*c,d);
}
main()
{ char b='a',a='A';
  fun(&b,a);printf("%c,%c\n",b,a);
}
```

程序运行后的输出结果是________。

A)b,B,b,A　　B)b,B,B,A　　C)a,B,B,a　　D)a,B,a,B

17. 若有定义"int(*Pt)[3];",则下列说法正确的是________。

A)定义了基类型为int的三个指针变量

B)定义了基类型为int的具有三个元素的指针数组pt

C)定义了一个名为*pt、具有三个元素的整型数组

D)定义了一个名为pt的指针变量,它可以指向每行有三个整数元素的二维数组

18. 设有定义"double a[10],*s=a;",以下能够代表数组元素a[3]的是________。

A)(*s)[3]　　B)*(s+3)　　C)*s[3]　　D)*s+3

19. 有以下程序:

```
#include <stdio.h>
main()
{int a[5]={1,2,3,4,5},b[5]={0,2,1,3,0},i,s=0;
  for(i=0;i<5;i++)s=s+a[b[i]];
  printf("%d\n", s);
}
```

程序运行后的输出结果是________。

A)6　　B)10　　C)11　　D)15

20. 有以下程序:

```
#include <stdio.h>
main()
{int b[3][3]={0,1,2,0,1,2,0,1,2},i,j,t=1;
  for(i=0;i<3;i++)
     for(j=i;j<=1;j++)t+=b[i][b[j][i]];
     printf("%d\n",t);
```

```
}
```

程序运行后的输出结果是________。

A)1　　B)3　　C)2　　D)9

21. 若有以下定义和语句：

```
char s1[10]="abcd!", *s2="\n123\\";
printf("%d %d\n", strlen(s1),strlen(s2));
```

则输出结果是________。

A)5 5　　B)10 5　　C)10 7　　D)5 8

22. 有以下程序：

```
#include <stdio.h>
#define N 8
void fun(int *x,int i)
{ *x=*(x+i);}
main()
{int a[N]={1,2,3,4,5,6,7,8},i;
  fun(a,2);
  for(i=0;i<N/2;i++)
  {printf("%d",a[i]);}
   printf("\n");
}
```

程序运行后的输出结果是________。

A)1313　　B)2234　　C)3234　　D)1234

23. 有以下程序：

```
#include <stdio.h>
int f(int t[],int n);
main()
{ int a[4]={1,2,3,4},s;
  s=f(a,4); printf("%d\n",s);
}
int f(int t[],int n)
{ if(n>0)return t[n-1]+f(t,n-1);
  else return 0;
}
```

程序运行后的输出结果是________。

A)4　　B)10　　C)14　　D)6

24. 有以下程序：

```
#include <stdio.h>
int fun()
{ static int x=1;
```

```
    x *= 2; return x;
  }
  main()
  { int i,s=1;
    for(i=1;i<=2;i++)s=fun();
    printf("%d\n",s);
  }
```

程序运行后的输出结果是________。

A)0　　B)1　　C)4　　D)8

25.有以下程序：

```
#include <stdio.h>
#define SUB(A)(a)-(a)
main()
{ int a=2,b=3,c=5,d;
  d=SUB(a+b)*c;
  printf("%d\n",d);
}
```

程序运行后的输出结果是________。

A)0　　B)−8　　C)−20　　D)10

26.设有定义：

```
struct complex
{ int real,unreal;} data1={1,8},data2;
```

则以下赋值语句中错误的是________。

A)data2=data1;　　B)data2=(2,6);

C)data2.real=data1.real;　　D)data2.real=data1.unreal;

27.有以下程序：

```
#include <stdio.h>
#include <string.h>
struct A
{ int a; char b[10]; double c;};
void f(struct A t);
main()
{ struct A a={1001,"ZhangDa",1098.0};
  f(a); printf("%d,%s,%6.1f\n",a.a,a.b,a.c);
}
void f(struct A t)
{ t.a=1002; strcpy(t.b,"ChangRong");t.c=1202.0;}
```

程序运行后的输出结果是________。

A)1001,ZhangDa,1098.0　　B)1002,changRong,1202.0

C)1001,ehangRong,1098.0　　D)1002,ZhangDa,1202.0

28.有以下定义和语句：

```
struct workers
{ int num;char name[20];char c;
struct{int day; int month; int year;} s;
};
struct workers w, *pw;
pw=&w;
```

能给 w 中 year 成员赋值 1980 的语句是________。

A) *pw.year=1980;　　B)w.year=1980;

C)pw->year=1980;　　D)w.s.year=1980;

29.有以下程序：

```
#include <stdio.h>
main()
{ int a=2,b=2,c=2;
  printf("%d\n",a/b&c);
}
```

程序运行后的输出结果是________。

A)0　　B)1　　C)2　　D)3

30.有以下程序：

```
#include <stdio.h>
main()
{ FILE *fp;char str[10];
  fp=fopen("myfile.dat","w");
  fputs("abc",fp);fclose(fp);
  fp=fopen("myfile.dat","a++");
  fprintf(fp,"%d",28);
  rewind(fp);
  fscanf(fp,"%s",str); puts(str);
  fclose(fp);
}
```

程序运行后的输出结果是________。

A)abc　　B)28c　　C)abc28　　D)因类型不一致而出错

二、填空题(每空 4 分,共 40 分)

1.设 x 为 int 型变量,请写出一个关系表达式____________,用以判断 x 同时为 3 和 7 的倍数时,关系表达式的值为真。

2.有以下程序：

```
#include <stdio.h>
main()
```

```
{ int a=1,b=2,c=3,d=0;
  if(a==1)
   if(b!=2)
    if(c==3)d=1;
     else d=2;
      else if(c!=3)d=3;
       else d=4;
        else d=5;
  printf("%d\n",d);
}
```

程序运行后的输出结果是________。

3.有以下程序：

```
#include <stdio.h>
main()
{ int m,n;
  scanf("%d%d",&m,&n);
  while(m!=n)
  { while(m>n)m=m-n;
    while(m<n)n=n-m;
  }
  printf("%d\n",m);
}
```

程序运行后，当输入 14 63↙时，输出结果是________。

4.有以下程序：

```
#include <stdio.h>
main()
{ int i,j,a[][3]={1,2,3,4,5,6,7,8,9};
  for(i=0;i<3;i++)
    for(j=i;j<3;j++)printf("%d",a[i][j]);
  printf("\n");
}
```

程序运行后的输出结果是________。

5.有以下程序：

```
#include <stdio.h>
main()
{ int a[]={1,2,3,4,5,6},*k[3],i=0;
  while(i<3)
  { k[i]=&a[2*i];
    printf("%d",*k[i]);
```

```
    i++;
  }
}
```

程序运行后的输出结果是________。

6. 有以下程序：

```
#include <stdio.h>
main()
{ int a[3][3]={{1,2,3},{4,5,6},{7,8,9}};
  int b[3]={0},i;
  for(i=0;i<3;i++)b[i]=a[i][2]+a[2][i];
  for(i=0;i<3;i++)printf("%d",b[i]);
  printf("\n");
}
```

程序运行后的输出结果是________。

7. 有以下程序：

```
#include <stdio.h>
#include <string.h>
void fun(char *str)
{ char temp;int n,i;
  n=strlen(str);
  temp=str[n-1];
  for(i=n-1;i>0;i--)str[i]=str[i-1];
  str[0]=temp;
}
main()
{ char s[50];
  scanf("%s",s); fun(s); printf("%s\n",s);}
```

程序运行后输入：abcdef↙，则输出结果是________。

8. 以下程序的功能是：将值为三位正整数的变量 x 中的数值按照个位、十位、百位的顺序拆分并输出。请填空。

```
#include <stdio.h>
main()
{ int x=256;
  printf("%d-%d-%d\n", ________ ,x/10%10,x/100);
}
```

9. 以下程序用以删除字符串所有的空格，请填空。

```
#include <stdio.h>
main()
{ char s[100]={"Our teacher teach C language!"};int i,j;
```

```
  for(i=j=0;s[i]!='\0';i++)
  if(s[i]!=' '){s[j]=s[i];j++;}
  s[j]= ____________;
  printf("%s\n",s);
}
```

10. 以下程序的功能是:借助指针变量找出数组元素中的最大值及其元素的下标值。请填空。

```
#include <stdio.h>
main()
{ int a[10],*p,*s;
  for(p=a;p-a<10;p++)scanf("%d",p);
  for(p=a,s=a;p-a<10;p++)if(*p>*s)s= ____________;
  printf("index=%d\n",s-a);
}
```

模拟试卷(八)参考答案

一、选择题(每小题 2 分,共 60 分)

1. B;	2. B;	3. D;	4. C;	5. C;
6. D;	7. A;	8. B;	9. C;	10. A;
11. D;	12. D;	13. A;	14. B;	15. D;
16. A;	17. D;	18. B;	19. C;	20. C;
21. A;	22. C;	23. B;	24. C;	25. B;
26. B;	27. A;	28. D;	29. A;	30. C。

二、填空题(每空 4 分,共 40 分)

1. (x%3==0)&&(x%7==0)
2. 4
3. 7
4. 123569
5. 135
6. 101418
7. fabcde
8. x%10
9. s[i+1]
10. p

模拟试卷(九)

一、选择题(每小题 2 分,共 60 分)

1. 以下关于结构化程序设计的叙述中正确的是________。

A)一个结构化程序必须同时由顺序、分支、循环三种结构组成

B)结构化程序使用 goto 语句会很便捷

C)在 C 语言中,程序的模块化是利用函数实现的

D)由三种基本结构构成的程序只能解决小规模的问题

2. 以下关于简单程序设计的步骤和顺序的说法中正确的是________。

A)确定算法后,整理并写出文档,最后进行编码和上机调试

B)首先确定数据结构,然后确定算法,再编码,并上机调试,最后整理文档

C)先编码和上机调试,在编码过程中确定算法和数据结构,最后整理文档

D)先写好文档,再根据文档进行编码和上机调试,最后确定算法和数据结构

3. 以下叙述中错误的是________。

A)C 语言程序在运行过程中所有计算都以二进制方式进行

B)C 语言程序在运行过程中所有计算都以十进制方式进行

C)所有 C 语言程序都需要编译链接无误后才能运行

D)C 语言程序中整型变量只能存放整数,实型变量只能存放浮点数

4. 有以下定义:"int a; long b;double x,y;",则以下选项中正确的表达式是________。

A)a%(int)(x－y)　　B)a＝x!＝y;　　C)(a＊y)%b　　D)y＝x＋y＝x

5. 以下选项中能表示合法常量的是________。

A)整数:1,200　　B)实数:1.5E2.0

C)字符斜杠:'\'　　D)字符串:"\007"

6. 表达式"a＋＝a－＝a＝9"的值是________。

A)9　　B)－9　　C)18　　D)0

7. 若变量已正确定义,在"if (W) printf("%d\n, k");"中,以下不可替代 W 的是________。

A)a<>b＋c　　B)ch＝getchar()　　C)a＝＝b＋c　　D)a＋＋

8. 有以下程序:

```
#include〈stdio.h〉
main()
{ int a=1,b=0;
  if(! a)b++;
  else if(a==0)
      if(a)b+=2;
      else b+=3;
  printf("%d\n",b);
}
```

程序运行后的输出结果是________。

A)0　　B)1　　C)2　　D)3

9. 若有定义语句"int a,b;double x;",则下列选项中没有错误的是________。

A)switch(x%2)
　{ case 0: a++; break;

B)switch((int)x/2.0
　{ case 0: a++; break;

```
  case 1: b++; break;
  default : a++; b++;
}
```

```
  case 1: b++; break;
  default : a++; b++;
}
```

C)switch((int)x%2)

```
{ case 0: a++; break;
  case 1: b++; break;
  default : a++; b++;
}
```

D)switch((int)(x)%2)

```
{ case 0.0: a++; break;
  case 1.0: b++; break;
  default : a++; b++;
}
```

10. 有以下程序：

```
#include <stdio.h>
main()
{ int a=1,b=2;
  while(a<6){b+=a;a+=2;b%=10;}
  printf("%d,%d\n",a,b);
}
```

程序运行后的输出结果是________。

A)5,11 B)7,1 C)7,11 D)6,1

11. 有以下程序：

```
#include <stdio.h>
main()
{ int y=10;
  while(y--);
  printf("y=%d\n",y);
}
```

程序执行后的输出结果是________。

A)y=0 B)y=-1 C)y=1 D)while 构成无限循环

12. 有以下程序：

```
#include <stdio.h>
main()
{ char s[]="rstuv";
  printf("%c\n",*s+2);
}
```

程序运行后的输出结果是________。

A)tuv B)字符 t 的 ASCII 码值 C)t D)出错

13. 有以下程序：

```
#include <stdio.h>
#include <string.h>
main()
{ char x[]="STRING";
```

```
 x[0]=0;x[1]='\0';x[2]='0';
 printf("%d %d\n",sizeof(x),strlen(x));
}
```

程序运行后的输出结果是________。

A)6 1　　B)7 0　　C)6 3　　D)7 1

14. 有以下程序：

```
#include <stdio.h>
int f(int x);
main()
{int n=1,m;
m=f(f(f(n)));printf("%d\n",m);
}
int f(int x)
{return x*2;}
```

程序运行后的输出结果是________。

A)1　　B)2　　C)4　　D)8

15. 以下程序段完全正确的是________。

A)int *p; scanf("%d",&p);

B)int *p; scanf("%d",p);

C)int k, *p=&k; scanf("%d",p);

D)int k, *p; *p=&k; scanf("%d",p);

16. 有定义语句："int *p[4];"，以下选项中与此语句等价的是________。

A)int p[4];　　B)int **p;　　C)int *(p[4]);　　D)int (*p)[4];

17. 下列定义数组的语句中，正确的是________。

A)int N=10;
 int x[N];

B)#define N 10
 int x[N];

C)int x[0..10];

D)int x[];

18. 若要定义一个具有5个元素的整型数组，以下错误的定义语句是________。

A)int a[5]={0};

B)int b[ ]={0,0,0,0,0};

C)int c[2+3];

D)int i=5,d[i];

19. 有以下程序：

```
#include <stdio.h>
void f(int *p);
main()
{int a[5]={1,2,3,4,5},*r=a;
 f(r);printf("%d\n",*r);
}
void f(int *p)
{p=p+3;printf("%d,",*p);}
```

程序运行后的输出结果是________。

A)1,4　　B)4,4　　C)3,1　　D)4,1

20.有以下程序(函数 fun 只对下标为偶数的元素进行操作):

```
#include <stdio.h>
void fun(int *a,int n)
{int i,j,k,t;
 for (i=0;i<n-1;i+=2)
 {k=i;
 for(j=i;j<n;j+=2)if(a[j]>a[k])k=j;
 t=a[i];a[i]=a[k];a[k]=t;
 }
}
main()
{int aa[10]={1,2,3,4,5,6,7},i;
 fun(aa,7);
 for(i=0;i<7;i++)printf("%d,",aa[i]);
 printf("\n");
}
```

程序运行后的输出结果是________。

A)7,2,5,4,3,6,1　　B)1,6,3,4,5,2,7　　C)7,6,5,4,3,2,1　　D)1,7,3,5,6;2,1

21.下列选项中,能够满足"若字符串 s1 等于字符串 s2,则执行 ST"要求的是________。

A)if(strcmp(s2,s1)==0)ST;　　B)if(sl==s2)ST;

C)if(strcpy(sl ,s2)==1)ST;　　D)if(sl-s2==0)ST;

22.以下不能将 s 所指字符串正确复制到 t 所指存储空间的是________。

A)while(*t=*s){t++;s++;}　　B)for(i=0;t[i]=s[i];i++);

C)do{*t++=*s++;}while(*s);　　D)for(i=0,j=0;t[i++]=s[j++];);

23.有以下程序(strcat 函数用以连接两个字符串):

```
#include <stdio.h>
#include <string.h>
main()
{char a[20]="ABCD\0EFG\0",b[]="IJK";
 strcat(a,b);printf("%s\n",a);
}
```

程序运行后的输出结果是________。

A)ABCDE\OFG\OIJK　　B)ABCDIJK　　C)IJK　　D)EFGIJK

24.有以下程序,程序中库函数 islower(ch)用以判断 ch 中的字母是否为小写字母。

```
#include <stdio.h>
#include <ctype.h>
void fun(char *p)
```

```
{ int i=0;
  while (p[i])
  {if(p[i]== ' '&&islower(p[i-1]))p[i-1]=p[i-1]- 'a'+'A';
  i++;
  }
}
main()
{char s1[100]="ab cd EFG!";
fun(s1); printf("%s\n",s1);
}
```

程序运行后的输出结果是________。

A)ab cd EFG!　　B)Ab Cd EFg!

C)aB cD EFG!　　D)ab cd EFg!

25. 有以下程序：

```
#include <stdio.h>
void fun(int x)
{if(x/2>1)fun(x/2);
printf("%d ",x);
}
main()
{fun(7);printf("\n");}
```

程序运行后的输出结果是________。

A)1 3 7　　B)7 3 1　　C)7 3　　D)3 7

26. 有以下程序：

```
#include <stdio.h>
int fun()
{static int x=1;
x+=1;return x;
}
main()
{ int i,s=1;
  for(i=1;i<=5;i++)s+=fun();
  printf("%d\n",s);
}
```

程序运行后的输出结果是________。

A)11　　B)21　　C)6　　D)120

27. 有以下程序：

```
#include <stdio.h>
#include <stdlib.h>
```

```
main()
{int *a, *b, *c;
 a=b=c=(int *)malloc(sizeof(int));
 *a=1; *b=2; *c=3;
 a=b;
 printf("%d,%d,%d\n", *a, *b, *c);
}
```

程序运行后的输出结果是________。

A)3,3,3　　B)2,2,3　　C)1,2,3　　D)1,1,3

28.有以下程序：

```
#include <stdio.h>
main()
{int s,t,A=10;double B=6;
 s=sizeof(A);t=sizeof(B);
 printf("%d,%d\n",s,t);
}
```

在VC6平台上编译运行，程序运行后的输出结果是________。

A)2,4　　B)4,4　　C)4,8　　D)10,6

29.若有以下语句：

typedef struct S{int g; char h;}T;

以下叙述中正确的是________。

A)可用S定义结构体变量　　B)可用T定义结构体变量

C)S是struct类型的变量　　D)T是struct S类型的变量

30.有以下程序：

```
#include <stdio.h>
main()
{ short c=124;
 c=c ________;
 printf("%d\n",c);
}
```

若要使程序的运行结果为248，应在下划线处填入的是________。

A)>>2　　B)|248　　C)&0248　　D)<<1

二、填空题(每空4分，共40分)

1.以下程序运行后的输出结果是____________。

```
#include <stdio.h>
main()
{int a=200,b=010;
  printf("%d%d\n",a,b);
}
```

2. 有以下程序

```
#include <stdio.h>
main()
{ int x,y;
  scanf("%2d%ld",&x,&y);printf("%d\n",x+y);
}
```

程序运行时输入:1234567↙,程序的运行结果是＿＿＿＿＿＿。

3. 在C语言中,当表达式值为0时表示逻辑值"假",当表达式值为＿＿＿＿＿＿时表示逻辑值"真"。

4. 有以下程序:

```
#include <stdio.h>
main()
{int i,n[ ]={0,0,0,0,0};
  for (i=1;i<=4;i++)
  { n[i]=n[i-1]*3+1; printf("%d ",n[i]); }
}
```

程序运行后的输出结果是＿＿＿＿＿＿。

5. 以下fun函数的功能是:找出具有N个元素的一维数组中的最小值,并作为函数值返回,请填空。(设N已定义)

```
int fun(int x[N])
{int i,k=0;
 for(i=0;i<N;i++)
 if(x[i]<x[k])k=＿＿＿＿＿＿;
 return x[k];
}
```

6. 有以下程序:

```
#include <stdio.h>
int *f(int *p,int *q);
main()
{ int m=1,n=2,*r=&m;
  r=f(r,&n);printf("%d\n",*r);
}
int *f(int *p,int *q)
{return(*p>*q)? p:q;}
```

程序运行后的输出结果是＿＿＿＿＿＿。

7. 以下fun函数的功能是在N行M列的整形二维数组中,选出一个最大值作为函数值返回,请填空。(设M,N已定义)

```
int fun(int a[N][M])
{int i,j,row=0,col=0;
```

```
  for(i=0;i<N;i++)
    for(j=0;j<M; j++)
      if(a[i][j]>a[row][col]){row=i;col=j;}
    return(____________);
}
```

8. 有以下程序：

```
#include <stdio.h>
main()
{int n[2],i,j;
  for(i=0;i<2;i++)n[i]=0;
   for(i=0;i<2;i++)
     for(j=0;j<2;j++)n[j]=n[i]+1;
     printf("%d\n",n[1]);
}
```

程序运行后的输出结果是____________。

9. 以下程序的功能是:借助指针变量找出数组元素中最大值所在的位置并输出该最大值。请在输出语句中填写代表最大值的输出项。

```
#include <stdio.h>
main()
{int a[10], *p, *s;
 for(p=a;p-a<10;p++)scanf("%d",p);
 for(p=a,s=a;p-a<10;p++)if(*p>*s)s=p;
 printf("max=%d\n",____________);
}
```

10. 以下程序打开新文件“f. txt”,并调用字符输出函数将 a 数组中的字符写入其中,请填空。

```
#include <stdio.h>
main()
{____________ *fp;
 char a[5]={'1','2','3','4','5'},i;
 fp=fopen("f.txt","w");
 for(i=0;i<5;i++)fputc(a[i],fp);
 fclose(fp);
}
```

模拟试卷(九)参考答案

一、选择题(每小题 2 分,共 60 分)

1. C;　　2. B;　　3. B;　　4. A;　　5. D;

6. D；	7. A；	8. A；	9. C；	10. B；
11. B；	12. C；	13. B；	14. D；	15. C；
16. D；	17. B；	18. D；	19. D；	20. A；
21. A；	22. C；	23. B；	24. C；	25. D；
26. B；	27. A；	28. C；	29. B；	30. D。

二、填空题(每空 4 分，共 40 分)

1. 2008
2. 34579
3. 非 0
4. 1 4 13 40
5. i
6. 2
7. a[row][col]
8. 3
9. *s
10. FILE

模拟试卷(十)

一、选择题(每小题 2 分，共 60 分)

1. 计算机高级语言程序的运行方法有编译执行和解释执行两种，以下叙述中正确的是________。

A)C 语言程序仅可以编译执行　　B)C 语言程序仅可以解释执行

C)C 语言程序既可以编译执行又可以解释执行　　D)以上说法都不对

2. 以下叙述中错误的是________。

A)C 语言的可执行程序是由一系列机器指令构成的

B)用 C 语言编写的源程序不能直接在计算机上运行

C)通过编译得到的二进制目标程序需要连接才可以运行

D)在没有安装 C 语言集成开发环境的机器上不能运行 C 源程序生成的.exe 文件

3. 以下选项中不能用作 C 语言程序合法常量的是________。

A)1,234　　B)'\123'　　C)123　　D)"\x7G"

4. 以下选项中可用作 C 语言程序合法实数的是________。

A).1e0　　B)3.0e0.2　　C)E9　　D)9.12E

5. 若有定义语句：int a=3,b=2,c=1;，以下选项中错误的赋值表达式是________。

A)a=(b=4)=3;　　B)a=b=c+1;　　C)a=(b=4)+c;　　D)a=1+(b=c=4);

6. 有以下程序段：

```
char name[20]; int num;
scanf("name=%s num=%d",name,&num);
```

当执行上述程序段，并从键盘输入：name=Lili　num=1001↙后，name 的值为________。

A)Lili　　B)name＝Lili　　C)Lili num＝　　D)name＝Lili num＝1001

7. if语句的基本形式是：if(表达式)语句，以下关于“表达式”值的叙述中正确的是________。

A)必须是逻辑值　　B)必须是整数值　　C)必须是正数　　D)可以是任意合法的数值

8. 有以下程序：

```
#include <stdio.h>
main()
{ int x=011;
  printf("%d\n",++x);
}
```

程序运行后的输出结果是________。

A)12　　B)11　　C)10　　D)9

9. 有以下程序：

```
#include <stdio.h>
main()
{ int s;
  scanf("%d",&s);
  while(s>0)
  { switch(s)
    { case 1:printf("%d",s+5);
      case 2:printf("%d",s+4); break;
      case 3:printf("%d",s+3);
      default:printf("%d",s+1);break;
    }
   scanf("%d",&s);
  }
}
```

运行时，若输入1 2 3 4 5 0↙，则输出结果是________。

A)6566456　　B)66656　　C)66666　　D)6666656

10. 有以下程序段：

```
int i,n;
for(i=0;i<8;i++)
{ n=rand()%5;
  switch (n)
  { case 1:
    case 3:printf("%d\n",n); break;
    case 2:
    case 4:printf("%d\n",n); continue;
```

```
    case 0:exit(0);
    }
    printf("%d\n",n);
}
```

以下关于程序段执行情况的叙述,正确的是________。

A)for 循环语句固定执行 8 次

B)当产生的随机数 n 为 4 时结束循环操作

C)当产生的随机数 n 为 1 和 2 时不做任何操作

D)当产生的随机数 n 为 0 时结束程序运行

11. 有以下程序:

```
#include <stdio.h>
main()
{ char s[]="012xy\08s34f4w2";
  int i,n=0;
  for(i=0;s[i]!=0;i++)
   if(s[i]>='0'&&s[i]<='9')n++;
  printf("%d\n",n);
}
```

程序运行后的输出结果是________。

A)0　　B)3　　C)7　　D)8

12. 若 i 和 k 都是 int 类型变量,有以下 for 语句:

```
for(i=0,k=-1;k=1;k++)printf("*****\n");
```

下面关于语句执行情况的叙述中正确的是________。

A)循环体执行两次　　B)循环体执行一次

C)循环体一次也不执行　　D)构成无限循环

13. 有以下程序:

```
#include <stdio.h>
main()
{ char b,c; int i;
  b='a'; c='A';
  for(i=0;i<6;i++)
  { if(i%2)putchar(i+b);
   else putchar(i+c);
  } printf("\n");
}
```

程序运行后的输出结果是________。

A)ABCDEF　　B)AbCdEf　　C)aBcDeF　　D)abcdef

14. 设有定义:"double x[10],*p=x;",以下能给数组 x 下标为 6 的元素读入数据的正确语句是________。

A)scanf("%f",&x[6]);　　B)scanf("%lf",*(x+6));

C)scanf("%lf",p+6);　　D)scanf("%lf",p[6]);

15.有以下程序(字母A的ASCII码值是65):

```
#include 〈stdio.h〉
void fun(char *s)
{ while(*s)
  { if(*s%2)printf("%c",*s);
  s++;
  }
}
main()
{ char a[]="BYTE";
  fun(a); printf("\n");
}
```

程序运行后的输出结果是________。

A)BY　　B)BT　　C)YT　　D)YE

16.有以下程序段:

```
#include 〈stdio.h〉
main()
{ …
  while( getchar()!='\n');
  …
}
```

以下叙述中正确的是________。

A)此while语句将无限循环

B)getchar()不可以出现在while语句的条件表达式中

C)当执行此while语句时,只有按回车键程序才能继续执行

D)当执行此while语句时,按任意键程序就能继续执行

17.有以下程序:

```
#include 〈stdio.h〉
main()
{ int x=1,y=0;
if(! x)y++;
  else if(x==0)
   if (x)y+=2;
     else y+=3;
  printf("%d\n",y);
}
```

程序运行后的输出结果是________。

A)3　　B)2　　C)1　　D)0

18. 若有定义语句:char s[3][10],(*k)[3],*p;,则以下赋值语句正确的是________。

A)p=s;　　B)p=k;　　C)p=s[0];　　D)k=s;

19. 有以下程序:

```
#include <stdio.h>
void fun(char *c)
{ while(*c)
 { if(*c>='a'&&*c<='z') *c=*c-('a'-'A');
   c++;
 }
}
main()
{ char s[81];
  gets(s); fun(s); puts(s);
}
```

当执行程序时从键盘上输入 Hello Beijing↙,则程序的输出结果是________。

A)hello beijing　　B)Hello Beijing　　C)HELLO BEIJING　　D)hELLO Beijing

20. 以下函数的功能是:通过键盘输入数据,为数组中的所有元素赋值。

```
#include <stdio.h>
#define N 10
void fun(int x[N])
{ int i=0;
  while(i<N)scanf("%d",__________);
}
```

在程序中下划线处应填入的是________。

A)x+i　　B)&x[i+1]　　C)x+(i++)　　D)&x[++i]

21. 有以下程序:

```
#include <stdio.h>
main()
{ char a[30],b[30];
  scanf("%s",a);
  gets(b);
  printf("%s\n %s\n",a,b);
}
```

程序运行时若输入:how are you? I am fine↙ 则输出结果是________。

A)how are you?
I am fine　　B)how
are you? I am fine

C)how are you? I am fine　　D)row are you?

22. 设有如下函数定义:

```
int fun(int k)
{ if (k<1)return 0;
  else if(k==1)return 1;
  else return fun(k-1)+1;
}
```

若执行调用语句"n=fun(3);",则函数 fun 总共被调用的次数是________。

A)2　　B)3　　C)4　　D)5

23. 有以下程序：

```
#include <stdio.h>
int fun (int x,int y)
{ if (x!=y)return ((x+y)/2);
   else return (x);
}
main()
{ int a=4,b=5,c=6;
   printf("%d\n",fun(2*a,fun(b,c)));
}
```

程序运行后的输出结果是________。

A)3　　B)6　　C)8　　D)12

24. 有以下程序：

```
#include <stdio.h>
int fun()
{ static int x=1;
   x*=2;
   return x;
}
main()
{ int i,s=1;
   for(i=1;i<=3;i++)s*=fun();
   printf("%d\n",s);
}
```

程序运行后的输出结果是________。

A)0　　B)10　　C)30　　D)64

25. 有以下程序：

```
#include <stdio.h>
#define S(x)4*(x)*x+1
main()
{ int k=5,j=2;
   printf("%d\n",S(k+j));
```

```
}
```

程序运行后的输出结果是________。

A)197　　B)143　　C)33　　D)28

26.设有定义:“struct {char mark[12];int num1;double num2;} t1,t2;”,若变量均已正确赋初值,则以下语句中错误的是________。

A)t1=t2;　　B)t2.num1=t1.num1;

C)t2.mark=t1.mark;　　D)t2.num2=t1.num2;

27.有以下程序:

```
#include <stdio.h>
struct ord
{ int x,y;} dt[2]={1,2,3,4};
main()
{ struct ord *p=dt;
  printf("%d,",++(p->x)); printf("%d\n",++(p->y));
}
```

程序运行后的输出结果是________。

A)1,2　　B)4,1　　C)3,4　　D)2,3

28.有以下程序:

```
#include <stdio.h>
struct S
{ int a,b;}data[2]={10,100,20,200};
main()
{ struct S p=data[1];
  printf("%d\n",++(p.a));
}
```

程序运行后的输出结果是________。

A)10　　B)11　　C)20　　D)21

29.有以下程序:

```
#include <stdio.h>
main()
{ unsigned char a=8,c;
  c=a>>3;
  printf("%d\n",c);
}
```

程序运行后的输出结果是________。

A)32　　B)16　　C)1　　D)0

30.设fp已定义,执行语句“fp=fopen("file","w");”后,以下针对文本文件file操作叙述的选项中正确的是________。

A)写操作结束后可以从头开始读　　B)只能写不能读

C)可以在原有内容后追加写　　　　D)可以随意读和写

二、填空题(每空4分,共40分)

1. 以下程序运行后的输出结果是________。

```
#include <stdio.h>
main()
{ int a;
  a=(int)((double)(3/2)+0.5+(int)1.99*2);
  printf("%d\n",a);
}
```

2. 有以下程序:

```
#include <stdio.h>
main()
{ int x;
  scanf("%d",&x);
  if(x>15)printf("%d",x-5);
  if(x>10)printf("%d",x);
  if(x>5)printf("%d\n",x+5);
}
```

若程序运行时从键盘输入12↙,则输出结果为________。

3. 有以下程序(字符0的ASCII码值为48):

```
#include <stdio.h>
main()
{ char c1,c2;
  scanf("%d",&c1);
  c2=c1+9;
  printf("%c%c\n",c1,c2);
}
```

若程序运行时从键盘输入48↙,则输出结果为________。

4. 有以下函数:

```
void prt(char ch,int n)
{ int i;
  for(i=1;i<=n;i++)
  printf(i%6!=0?"%c":"%c\n",ch);
}
```

执行调用语句prt('*',24);后,函数共输出了________行*号。

5. 以下程序运行后的输出结果是________。

```
#include <stdio.h>
main()
{ int x=10,y=20,t=0;
```

```
  if(x==y)t=x;x=y;y=t;
  printf("%d %d\n",x,y);
}
```

6. 已知 a 所指的数组中有 N 个元素。函数 fun 的功能是，将下标 k(k>0)开始的后续元素全部向前移动一个位置。请填空。

```
void fun(int a[N],int k)
{ int i;
for(i=k;i<N;i++)a[______]=a[i];
}
```

7. 有以下程序，请在下划线处填写正确语句，使程序可正常编译运行。

```
#include <stdio.h>
_______________;
main()
  { double x,y,(*p)();
  scanf("%lf%lf",&x,&y);
  p=avg;
  printf("%f\n",(*p)(x,y));
}
double avg(double a,double b)
{ return((a+b)/2);}
```

8. 以下程序运行后的输出结果是______________。

```
#include <stdio.h>
main()
{ int i,n[5]={0};
  for(i=1;i<=4;i++)
  { n[i]=n[i-1]*2+1; printf("%d",n[i]); }
   printf("\n");
}
```

9. 以下程序运行后的输出结果是______________。

```
#include <stdio.h>
#include <stdlib.h>
#include <string.h>
main()
{ char *p; int i;
  p=(char *)malloc(sizeof(char)*20);
  strcpy(p,"welcome");
  for(i=6;i>=0;i--)putchar(*(p+i));
  printf("\n"); free(p);
}
```

10. 以下程序运行后的输出结果是________。

```
#include <stdio.h>
main()
{ FILE *fp; int x[6]={1,2,3,4,5,6},i;
  fp=fopen("test.dat","wb");
  fwrite(x,sizeof(int),3,fp);
  rewind(fp);
  fread(x,sizeof(int),3,fp);
  for(i=0;i<6;i++)printf("%d",x[i]);
  printf("\n");
  fclose(fp);
}
```

模拟试卷(十)参考答案

一、选择题(每小题 2 分,共 60 分)

1. A;	2. D;	3. A;	4. A;	5. A;
6. A;	7. D;	8. C;	9. A;	10. D;
11. B;	12. D;	13. B;	14. C;	15. D;
16. C;	17. D;	18. C;	19. C;	20. C;
21. B;	22. B;	23. B;	24. D;	25. B;
26. C;	27. D;	28. D;	29. C;	30. B。

二、填空题(每空 4 分,共 40 分)

1. 3

2. 1217

3. 09

4. 4

5. 20 0

6. i−1

7. double avg(double a,double b)

8. 13715

9. emoclew

10. 123456

第五部分　配套教材《C语言程序设计》习题解答

第1章　C语言概述

1. 答:C语言的主要特点有:

(1)C语言的基本组成部分简洁、紧凑,使用方便、灵活。

(2)C语言是介于汇编语言与高级语言之间的一种中级语言。C语言既像汇编语言那样允许直接访问物理地址,能进行位运算,能实现汇编语言的大部分功能,直接访问硬件;也有高级语言面向用户、表达自然、功能丰富等特点。C语言的这种双重性,使它成为既是成功的系统描述语言,又是出色的通用程序设计语言。

(3)C语言是一种结构化语言。C语言具有结构化语言所规定的三种基本结构。C语言用函数作为结构化程序设计的实现工具,实现程序的模块化。

(4)C语言有丰富的数据类型。C语言具有现代语言的各种数据类型;用户能自己扩充数据类型,实现各种复杂的数据结构,完成用于具体问题的数据描述。尤其是指针类型,是C语言的一大特色,灵活的指针操作,能够高效处理各种数据。

(5)C语言有丰富的运算符。ANSIC 提供34种运算符,灵活使用这些运算符,可以实现其他高级语言较难实现的运算。

(6)C语言具有较高的移植性。在C语言中,没有专门与硬件有关的输入输出语句,程序的输入输出通过调用库函数实现,使C语言本身不依赖于硬件系统,编写出的程序具有良好的可移植性。

(7)灵活性。C语言的语法限制不太严格,对程序员没有过多的限制,程序设计的自由度大。

(8)预处理程序和预处理语句提供了程序的可读性、可移植性,给程序调试提供了方便。

(9)为字符和字符串处理提供了良好基础。

2. 答:C语言的基本符号有关键字、标识符及其他符号等。

3. 答:标识符的命名规则是标识符由字母、数字、下划线组成,由字母或下划线开头。

4. 答:int char short long float double unsinged singed if else switch case default for while do goto break continue return typedef auto static register extern sizeof enum const void volatile struct union。

5. 答:一个主函数和0个或多个其他函数构成。

第2章　基本数据类型及其运算

1. 答:C语言的数据类型包括:基本整型(int)、短整型(short)、长整型(long)、基本无符号整型(unsigned int)、无符号短整型(unsigned short)、无符号长整型(unsigned long)、字符类型

(char)、单精度实型(float)(浮点类型)、双精度实型(double)、枚举类型(enum)、数组类型、结构体类型(struct)、共用体类型(union)、指针类型以及空类型(void)。

2. 答:整型、实型、字符型、枚举类型。

3. 答:整型常量的三种表示形式是:

(1)十进制整数:如 1995、-18、0 等。

(2)八进制整数:以 0 开头的数是八进制数。如 0123 表示八进制数 123,即$(123)_8$,等于十进制数 83。-011 表示八进制数-11,即-$(11)_8$,等于十进制数-9。

(3)十六进制整数:以 0x 开头的数是十六进制数。如 0x123 表示十六进制数 123,即$(123)_{16}$,等于十进制数 301。-0x11 表示十六进制数-11,即-$(11)_{16}$,等于十进制数-17。

4. 答:实数的两种表示形式:

(1)十进制小数形式:它由数字和小数点组成(注意:必须有小数点),如 0.123、.123、123.0、123.、0.0 都是十进制数形式。

(2)指数形式:如 123e3 或 123E3 都代表 123×10^3。但注意字母 e 或 E 之前必须有数字,且 e 后面指数必须为整数,如 e3、2.1e3.5、.e3、e 等都是不合法的指数形式。

5. 答:以一个'\'开头的字符序列,这是一种特殊形式的字符常量,叫转义字符。

6. 答:字符常量是用一对单引号(即撇号)括起来的单个字符,而字符串常量是用一对双引号括起来的字符序列。

7. 答:C 语言的整型变量可分为基本整型(int)、短整型(short int,可简写为 short)和长整型(long int,可简写为 long)三种。整型数据中,按数据是否带符号,又分为有符号(signed)整数和无符号(unsigned)整数。

8. 答:C 的实型变量主要有 float 类型(32 位)和 double 类型(64 位)两种。

9. 答:算术运算符:用于各类数值运算。包括加(+)、减(或取负)(-)、乘(*)、除(或整除)(/)、求余(或称模运算,%)、自增(++)、自减(--)共七种。

10. 答:关系运算符:用于比较运算。包括大于(>)、小于(<)、等于(==)、大于等于(>=)、小于等于(<=)和不等于(!=)六种。

11. 答:逻辑运算符:用于逻辑运算。包括与(&&)、或(||)、非(!)三种。

12. 答:赋值运算符:用于赋值运算,分为简单赋值(=)、复合算术赋值(+=,-=,*=,/=,%=)和复合位运算赋值(&=,|=,∧=,>>=,<<=)三类,共十一种。

13. 答:位操作运算符:参与运算的对象按二进制位进行运算。包括位与(&)、位或(|)、位非(~)、位异或(∧)、左移(<<)、右移(>>)六种。

14. 答:最后一个表达式的值为整个逗号表达式的值。

第 3 章　基本控制结构

1. 输入 *n*,并输入 *n* 个整数,输出这 *n* 个数中的所有奇数的乘积。

```
#include <stdio.h>
void main()
{
    int i,n,a[1024],mul=1;
```

```
    printf("please input n: ");
    scanf("%d",&n);
    for(i=0;i<n;i++)
    scanf("%d",&a[i]);
    for(i =0;i<n;i++)
        if(a[i]%2==1)mul *=a[i];
    printf("%d",mul);
}
```

运行结果如:please input n:7↙

1 3 4 6 7 8 9↙

189

2. 分别求1～100中偶数的平方和、奇数的立方和。

```
#include<stdio.h>
main()
{
    int i,a=0,b=0;
    for(i=1;i<=100;i++)
    {
        if(i%2!=0)
            a=i*i*i+a;
        else
            b=i*i+b;
    }
    printf("%d,%d",a,b);
}
```

运行结果:12497500,171700

3. 输入10个学生的成绩,输出最低分数。

```
#include <stdio.h>
main()
{
    int i;
    float score[10],min;
    printf("please input 10 score:\n");
    for(i=0;i<10;i++)
        scanf("%f",&score[i]);
    min=score[0];
    for(i=1;i<10;i++)
    {
        if(score[i]<min)
```

```
            min=score[i];
      }
      printf("min=%f",min);
}
```

运行结果如:please input 10 score:

55 66 77 22 33 11 99 67 54 19 ↙

min=11.000000

4. 求数列的和。设数列的首项为81,以后各项为前一项的平方根(如81,9,3,1.732,…),求前10项和。

```
#include <stdio.h>
#include  <math.h>
main()
{
    float a=81,sum=0;
    int i;
    for (i=0;i<10;i++)
    {
        sum+=a;
        a=sqrt(a);
    }
    printf("sum=%f",sum);
}
```

运行结果:sum=101.327255

5. 输出所有的"水仙花数",水仙花数是指一个三位数,其各位数字立方和等于其本身。如:$153=1^3+5^3+3^3$。

```
#include <stdio.h>
main()
{
    int i,j,k;
    for(i=1;i<10;i++)
        for(j=0;j<10;j++)
            for(k=0;k<10;k++)
                if((i*100+j*10+k)==((i*i*i)+(j*j*j)+(k*k*k)))
                    printf("%d%d%d ",i,j,k);
}
```

运行结果:153 370 371 407

6. 输入一个实数,输出它的平方根值,如果输入数小于0,输出"输入数据错误"的提示。

```
#include <stdio.h>
int main()
```

```
{
    double a;
    double x=1.0;
    printf("please input a double\n");
    scanf("%lf",&a);
    if (a<0)
        printf("error! \n");
    else
        while(x*x-a<-0.000001||x*x-a>0.000001)
        {
            x=(a/x+x)/2.0;
        }
    printf("%lf\n",x);
    return 0;
}
```

运行结果如：please input a double

5↙

2.236068

7. 编一个程序，输入三个单精度数，输出其中最小数。

```
#include <stdio.h>
void main()
{
    float x,y,z,min;
    scanf("%f,%f,%f",&x,&y,&z);
    if((x>y)&&(y>z))
        min=z;
    else if((x>y)&&(x<z))
        min=y;
    else min=x;
    printf("%f",min);
}
```

运行结果如：11.000000,10.000000,56.000000↙

10.000000

8. 用if语句编程序，输入x后按下式计算y值并输出。

y=x+2*x^2+10　　0≤x≤8

y=x-3*x^3-9　　x<0或x>8

```
#include <stdio.h>
main()
{
```

```
    float x,y;
    printf("please input x: ");
    scanf("%f",&x);
    if(x>=0&&x<=8)
        y=x+2*x*x+10;
    else
        y=x-3*x*x*x-9;
    printf("x=%f, y=%f\n",x,y);
}
```

运行结果如：please input x：5↙

x=5.000000,y=65.000000

please input x：-1↙

x=-1.000000,y=-7.000000

9. 编程序，输入一个百分制的成绩 t 后，按下式输出它的等级，要求分别写作 if 结构和 switch 结构。90～100 为“A”，80～89 为“B”，70～79 为“C”，60～69 为“D”，0～50 为“E”。

```
#include <stdio.h>
main()
{
    int score,temp,log;
    char grade;
    log=1;
    while(log)
    {
        printf("enter score: ");
        scanf("%d",&score);
        if(score>100||score<0)
        printf("\n error,try again! \n");
    else log=0;
}
if(score==100)
    temp=9;
    else temp=(score-score%10)/10;
    switch(temp)
    {
    case 0:
    case 1:
    case 2:
    case 3:
    case 4:
```

```
    case 5: grade='E'; break;
    case 6: grade='D';break;
    case 7: grade='C';break;
    case 8: grade='B';break;
    case 9: grade='A';
    }
    printf("score=%d, grade=%c\n",score,grade);
}
```

运行结果如:enter score:67↙
　　　　　score=67,grade=D

10. 输入3个字符后,按各字符ASCII码从小到大的顺序输出这些字符。

```
#include <stdio.h>
void main()
{
    unsigned char a[3];
    int i,j,tmp;
    for(i=0;i<3;i++)
    {
        printf("input character %d",i+1);
        fscanf(stdin,"%c",&a[i]);fflush(stdin);
    }
    for(i=0;i<2;i++)
        for(j=i+1;j<3;j++)
            if(a[j]<a[i])
            {
                tmp=a[j];a[j]=a[i];a[i]=tmp;
            }
    for(i=0;i<3;i++)
        printf("%c",a[i]);
}
```

运行结果如:input character 1 A↙
　　　　　input character 2 c↙
　　　　　input character 3 P↙
　　　　　A P c

11. 编一个程序,求出所有各位数字的立方和等于1099的3位整数。

```
#include <stdio.h>
main()
{
    long int n,m,p,sum,i;
```

```
    for(i=100;i<=999;i++)
    {
        n=i/100;
        m=i%100/10;
        p=i%100%10;
        sum=n*n*n+m*m*m+p*p*p;
        if(sum==1099)
            printf("%ld\n",i);
    }
}
```

运行结果:379

397

739

793

937

973

12. 编一个程序,求斐波那契(Fibonacci)序列:1,1,2,3,5,8,…。请输出前20项。序列满足关系式:$F_n=F_{n-1}+F_{n-2}, n\geqslant 3$。

```
#include <stdio.h>
void main()
{
    int i;
    int f[20]={1,1};
    for(i=2;i<20;i++)
        f[i]=f[i-2]+f[i-1];
    for(i=0;i<20;i++)
    {
        if(i%5==0)
            printf("\n");
        printf("%12d",f[i]);
    }
    printf("\n");
}
```

运行结果:

```
  1     1     2     3     5
  8    13    21    34    55
 89   144   233   377   610
987  1597  2584  4181  6765
```

13. 编一个程序,利用格里高利公式求π值。π/4=1-1/3+1/5-1/7+…。精度要求最后一项的绝对值小于1e-5。

```
#include <stdio.h>
#include <math.h>
main()
{
    float t,pi;
    long int n,s;
    t=1;
    n=1;
    s=1;
    pi=0.0;
    while(fabs(t)>1e-5)
    {
        pi=pi+t;
        n=n+2;
        s=-s;
        t=1.0*s/n;
    }
    pi=pi*4;
    printf("pi=%lf\n",pi);
}
```

运行结果：pi=3.141576

14. 编一个程序，求 $s=1!+2!+3!+\cdots+n!$（n 由输入决定）。

```
#include <stdio.h>
void main()
{
    int n,i;
    int s=0;
    int temp=1;
    scanf("%d",&n);
    for(i=1;i<=n;i++)
    {
        temp=temp*i;
        s=s+temp;
    }
    printf("%d\n",s);
}
```

运行结果：7↙
　　5913

15. 编程序按下列公式计算 e 的值(精度为 1e-6)：

e=1+1/1! +1/2! +1/3! +…+1/n!。

```
#include <stdio.h>
main()
{
    double e=0;
    int n,i,t=1;
    for(n=1;;n++)
    {
        for(i=1;i<=n;i++)
            t=t*i;
        e=e+1.0/t;
        if(1.0/t<=1e-6)
            break;
    }
    printf("%f\n",e);
}
```

运行结果:1.586835

16. 编一个程序显示 ASCII 代码 0x58~0x6f 的十进制数值及其对应字符。

```
#include <stdio.h>
main()
{
    int i;
    for(i=0x58;i<=0x6f;i++)
        printf("%5d%5c\n",i,i);
}
```

运行结果:

```
88   X
89   Y
90   Z
91   [
⋮    ⋮
110  n
111  o
```

17. 输出 6~1000 之间的亲密数对。说明:若(a,b)是亲密数对,则 a 的因子和等于 b,b 的因子和等于 a,且 a 不等于 b。如(220,284)是一对亲密数对。

```
#include <stdio.h>
#include <math.h>
int getSum(int n)
{
    int s=1,i=2,m;
```

```
    m=(int)sqrt(n);
    for( ;i<=m;i++)
        if(n % i == 0) s+= i+n / i;
    if(m * m == n) s-= m;
    return s;
}
int main(void)
{
    int i, j;
    for(i = 6; i <= 1000; i++)
        for(j = 6; j <= 1000; j++)
            if(i != j && getSum(i) == j && getSum(j) == i)
                printf("%6d,%6d\n", i, j);
    return 0;
}
```

运行结果:220,284

284,220

18. 输入一个十进制正整数,然后输出它所对应的八进制、十六进制数。

```
#include <stdio.h>
main()
{
    int a;
    scanf("%d",&a);
    printf("%o,%x",a,a);
}
```

运行结果如:200↙

310,c8

19. 找出1000以内的所有完数,并输出其因子。说明:一个数如恰好等于它的因子之和,这个数称为完数,如6=1+2+3。

```
#include <stdio.h>
main()
{
    int a,i,s;
    for (i=1;i<1000;i++)
    {
        s=0;
        for (a=1;a<i;a++)
            if (i%a==0)s+=a;
        if (s==i)
```

```
        printf ("%d,",s);
    }
}
```

运行结果:6,28,496,

第4章　数　　组

1. 设计程序统计从终端输入的字符中每个大写字母的个数,num[0]中统计字母A的个数,其他依次类推。用#号结束输入。

```
#include <stdio.h>
#include <ctype.h>
void main()
{
    int num[26]={0}, i;
    char c;
    while((c=getchar())!='#')
        if(isupper(c))
            num[c-'A']+=1;
    for(i=0;i<26;i++)
        if(num[i])
            printf("%c:%d\n",i+'A',num[i]);
}
```

运行结果如:abcDEFAHEip#↙

A:1

D:1

E:2

F:1

H:1

2. 编写程序,求一个整型数组中最大元素和最小元素的差值。

```
#include <stdio.h>
#define N 10
void main()
{
    int a[N]={62,11,2,56,32,109, 3,73,22,43},i,max,min;
    max=min=a[0];
    for(i=0;i<10;i++)
    {
        if(max<a[i])
            max=a[i];
```

```
        if(min>a[i])
            min=a[i];
    }
    printf("max-min=%d",max-min);
}
```

运行结果：max-min=107

3. 编写一个程序，由键盘输入一行字符，统计其中出现的单词个数（单词之间用空格分隔）。

```
#include <stdio.h>
void main( )
{
    char str[80];
    int j,n=0,w=0;
    printf("Please input a sentence:\n");
    gets(str);
    for(j=0;str[j]!= '\0';j++)
        if(str[j]=='')
            w=0;
        else if(w==0)
        {
            w=1;
            n++;
        }
    printf(" There are %d words in this line. \n ",n);
}
```

运行结果：Please input a sentence:

I am a very good student↙

There are 6 words in this line.

4. 编写一个程序，处理某班3门课程的成绩，它们是语文、数学和英语。先输入学生人数（最多为50个人），然后按编号由小到大的顺序依次输入学生成绩，最后统计每门课程全班的总成绩和平均成绩以及每个学生课程的总成绩和平均成绩。

```
#include <stdio.h>
void main()
{
    int score[50][5],total[3],avg[3];
    int i,j,n;
    printf("请输入学生人数:");
    scanf("%d",&n);
    printf("请输入学生成绩:\n");
```

```
for(i=0;i<n;i++)
{
    printf("请输入第%d个学生的成绩:\n",i+1);
    for(j=0;j<=2;j++)
        scanf("%d",&score[i][j]);
}
for (i=0;i<n;i++)
{
    score[i][3]=0;
    for(j=0;j<3;j++)
        score[i][3]=score[i][3]+score[i][j];
    score[i][4]=score[i][3]/3;
}
for(j=0;j<3;j++)
{
    total[j]=0;
    for(i=0;i<n;i++)
        total[j]=total[j]+score[i][j];
    avg[j]=total[j]/n;
}
printf("\n编号\t语文\t数学\t英语\t总分\t平均分\n ");
for(i=0;i<n;i++)
{
    printf("%d\t",i+1);
    for(j=0;j<5;j++)
        printf("%d\t", score[i][j]);
    printf("\n");
}
printf("总分:\t ");
for(i=0;i<3;i++)
    printf("%d\t", total[i]);
printf("\n平均分:\t ");
for(i=0;i<3;i++)
    printf("%d\t", avg[i]);
}
```

运行结果:请输入学生人数:4↙

请输入学生成绩:

请输入第1个学生的成绩:

89 90 78↙

请输入第 2 个学生的成绩：
90 69 78↙
请输入第 3 个学生的成绩：
95 87 67↙
请输入第 4 个学生的成绩：
50 66 76↙

编号	语文	数学	英语	总分	平均分
1	89	90	78	257	85
2	90	69	78	237	79
3	95	87	67	249	83
4	50	66	76	192	64

总分：324　312　299
平均分：81　78　74

5. 在一个已排好序的数组，插入一个数，使得将这个数插入到数组中后，数组还是排好序的。采用的算法是：假设排序为从小到大，对输入的数，检查它在数组中哪一个数之后，然后将比这个数大的数顺序后移一个位置，在空出的位置上将该数插入。

```
#include <stdio.h>
#define N 9
void main ( )
{
    float a[N+1],x;
    int i,p;
    printf ("输入已排好序的数列:");
    for (i=0;i<N;i++)
      scanf ("%f",&a[i]);
    printf ("输入要插入的数:");
    scanf ("%f",&x);
    for (i=0,p=N;i<N; i++)
      if (x<a[i]) /*找到一个大于x的元素a[p],即在a[p]之前插入x*/
      {
        p=i;
        break;
      }
    for (i=N-1;i>=p;i--)          /*将a[p]~a[N-1]元素后移一个位置*/
      a[i+1]=a[i];
    a[p]=x;                       /*在a[p]处插入x*/
    for (i=0;i<=N; i++)           /*输出a数组的所有元素*/
    {
      printf ("%8.2f",a[i]);
```

```
        if ((i+1)%5==0)
          printf ("\n");
      }
   }
```

运行结果:输入已排好序的数列:-23-10-3 4 9 17 21 28 89↙

输入要插入的数:67↙

```
-23.00   -10.00   -3.00   4.00   9.00
  17.00    21.00   28.00   67.00  89.00
```

6. 编写一个程序,采用二分查找法从有序数列{0,2,5,8,12,15,23,35,60,65}中查找指定元素的位置。

算法设计:用i、j分别存放查找区间的低端序号和高端序号,m=(i+j)/2,如果a[m]==x,则找到了元素;若x>a[m],则i=m+1;若x<a[m],则j=m-1。如此循环直到i>=j为止。程序如下:

```
#include <stdio.h>
void main()
{
    int a[]= {0,2,5,8,12,15,23,35,60,65};
    int x,i=0,j=9,m;
    printf ("输入元素:");
    scanf ("%d",&x);
    while (i<=j)
    {
        m=(i+j)/2;
        if (x <a[m])
            j=m-1;
        else if (x>a[m])
            i=m+1;
        else break;
    }
    if (a[m]==x)
        printf ("序号:%d\n",m+1);
    else
        printf ("不存在%d 元素\n ",x);
}
```

运行结果:输入元素:35↙

序号:8

输入元素:40↙

不存在40元素

7. 求一个二维数组的最大元素和它的行列号。

```
#include <stdio.h>
main()
{
    int a[3][4]={{1,2,3,4},{9,8,7,6},{-10,10,-5,2}};
    int i,j,row=0,colum=0,max;
    max=a[0][0];
    for(i=0;i<=2;i++)
        for(j=0;j<=3;j++)
            if(a[i][j]>max)
            {
                max=a[i][j];
                row=i;
                colum=j;
            }
    printf("max=%d,row=%d,colum=%d\n",max,row,colum);
}
```

运行结果:max=10,row=2,colum=1

8. 有三个字符串,利用字符串函数,找出其中最大者。

```
#include <stdio.h>
#include <string.h>
main()
{
    char string[20],str[3][20];
    int i;
    for(i=0;i<3;i++)
        gets(str[i]);
    if(strcmp(str[0],str[1])>0)
        strcpy(string,str[0]);
    else
        strcpy(string,str[1]);
    if(strcmp(str[2],string)>0)
        strcpy(string,str[2]);
    printf("\nThe largest string is:%s\n",string);
}
```

运行结果:China↙

Boy↙

Chinese↙

The largest string is :Chinese

9. 将两个已经按升序排好序的字符串 a 和 b 归并到字符数组 c 中，使得 c 中新的字符串中的字符也是按升序排列的。

```
#include <string.h>
void main()
{
    char a[20]= "aceilortx";
    char b[20]= "dhmpsuw";
    char c[50];
    int i=0,j=0,k=0;
    while(a[i]!='\0'&&b[j]!='\0')
    {
        if(a[i]<b[j])
        {
            c[k]=a[i];
            i++;
        }
        else
        {
            c[k]=b[j];
            j++;
        }
        k++;
    }
    while(b[j]!='\0')
    {   c[k]=b[j];
        j++;
        k++;
    }
    while(a[i]!='\0')
    {
        c[k]=a[i];
        i++;
        k++;
    }
    c[k]= '\0';
    puts(c);
}
```

运行结果：acdehilmoprstuwx

10. 编写程序，求从键盘输入的字符串的长度，不用strlen函数。

```
#include <string.h>
#include <stdio.h>
void main()
{
    char str[80];
    int i=0;
    gets(str);
    while(str[i]!='\0')
        i++;
    printf("输入的字符串长度为%d",i);
}
```

运行结果：charactergood↙

　　　输入的字符串长度为13

11. 一个数如果恰好等于它的因子之和，这个数就称为“完数”。例如6=1+2+3。找出1000以内的所有完数。

```
#include <stdio.h>
main()
{
    int k[100];
    int i,j,n,s;
    for(j=2;j<1000;j++)
    {
        n=-1;
        s=j;
        for(i=1;i<j;i++)
        {
            if((j%i)==0)
            {
                n++;
                s=s-i;
                k[n]=i;
            }
        }
        if(s==0)
        {
            printf("%d is a wanshu ",j);
            for(i=0;i<n;i++)
                printf("%d, ",k[i]);
```

```
            printf("%d\n",k[n]);
        }
    }
}
```

运行结果：

6 is a wanshu 1,2,3

28 is a wanshu 1,2,4,7,14

496 is a wanshu 1,2,4,8,16,31,62,124,248

12. 将字符数组 c 中的所有大写字母改为小写字母，其他字母不变，再输出数组。

```
#include <stdio.h>
void main()
{     char c[8]={'H','e','l','l','o',' ','C','!'};
      int i;
      printf("The original string is:\n");
      for(i =0;i<8;i++)
            printf("%c",c[i]);
      printf("\n");
      printf("The changed string is:\n");
      for(i=0;i<8;i++)
      {
            if(c[i ]>= 'A' && c[i]<= 'Z' )
                  c[i]+=32;
            printf("%c",c[i]);
      }
}
```

运行结果：

The original string is:

Hello C!

The changed string is:

hello c!

13. 由键盘任意输入一个字符串和一个字符，要求从该字符串中删除所指定的字符。

```
#include <stdio.h>
#include <string.h>
main()
{
    char string[20],temp[20],ch;
/* string 存储源字符串,temp 存储删除某个字符后字符串,ch 存储被删除字符 */
    int i,j;
    printf("please input string:");
```

```
    gets(string);                              /* 键盘输入源字符串 */
    printf("delete?");
    scanf("%c",&ch);                           /* 键盘输入被删除字符 */
    for(i=0,j=0;i<strlen(string);i++)     /* 删除字符的整个过程 */
    {
        if(string[i]!=ch)
        {
            temp[j]=string[i];
            j++;
        }
    }
        temp[j]='\0';                          /* 设置新的字符串结束标志 */
        strcpy(string,temp);             /* 将删除某字符后的字符串复制给 string */
        puts(string);                          /* 输出删除后的字符串 */
}
```

运行结果:please input string:acjaksdjtidkgj↙
　　delete? j
　　acaksdtidkg

第5章　函　　数

1. 求 3 个数中的最大值,比较数的大小用自定义函数实现。

```
#include <stdio.h>
main()
{
    int a,b,c;
    printf("Input 3 numbers:");
    scanf("a=%d,b=%d,c=%d",&a,&b,&c);
    printf("max=%d",max(a,b,c));
}
int max(int x,int y,int z)
{
    return (x>y? x:y)>z? (x>y? x:y):z;
}
```

运行结果:Input 3 numbers:a=5,b=9,c=7↙
　　max=9

2. 用递归法求斐波那契数列的前 20 个数。斐波那契数列:数列的第 1 个数和第 2 个数都是 1,以后的每个数都是它前面两个数之和,也可以表示为公式的形式:

$F_1=1, F_2=1, F_n=F_{n-1}+F_{n-2}(n\geqslant 3)$

```
#include <stdio.h>
int fib(int n)

    if(n==0)
        return 0;
    if(n==1)
        return 1;
    else
        return fib(n-1)+fib(n-2);
}
void main()
{
    int n=20,i,count=0;
    for(i=1;i<=n;i++)
    {
        if(count%4==0)
            printf("\n");
        printf("%13d", fib(i));
        count++;
    }
}
```

运行结果：1　　1　　2　　3
　　5　　8　　13　　21
　　34　　55　　89　　144
　　233　　377　　610　　987
　　1597　　2584　　4181　　6765

3. 请用弦截法求方程 $f(x)=x^3-5x^2+16x-80=0$ 的根。

```
#include <math.h>
#include <stdio.h>
float f(float x)
{
    float y;
    y=((x-5.0)*x+16.0)*x-80.0;
    return y;
}
float xpoint(float x1,float x2)
{
    float y;
    y=(x1*f(x2)-x2*f(x1))/(f(x2)-f(x1));
```

```
    return y;
}
float root(float x1,float x2)
{
    float x,y,z;
    z=f(x1);
    do
    {
        x=xpoint(x1,x2);
        y=f(x);
        if(y*z>0)
        {
            z=y;
            x1=x;
        }
        else
            x2=x;
    }while(fabs(y)>=0.0001);
    return x;
}
main()
{
    float x1,x2,f1,f2,x;
    while(f1*f2>=0)
    {
        printf("input x1,x2:\n");
        scanf("%f,%f",&x1,&x2);
        f1=f(x1);
        f2=f(x2);
    }
    x=root(x1,x2);
    printf("A root of equation is %8.4f",x);
}
```

运行结果:input x1,x2:

```
4,5↙
input x1,x2:
6,7↙
input x1,x2:
6,8↙
```

```
        input x1,x2:
        2,9↙
        A root of equation is   5.0000
```

4. 设计函数计算1! +2! +3! +…+n!。

```
#include <stdio.h>
long f(int n)
{
    int i;
    long s;
    s=1;
    for(i=1;i<=n;i++)
        s= s*i;
    return  s;
}
void main( )
{
    long s;
    int k,n;
    scanf("%d", &n);
    s= 0;
    for(k=1;k<=n;k++)
        s=s+f(k);
    printf("%ld\n ",s);
}
```

运行结果:6↙

```
        873
```

5. 编写一个函数,求一个二维数组元素的最大值。

```
#include <stdio.h>
max(int b[][4])
{
    int m,n,ma;
    ma=b[0][0];
    for(m=0;m<=2;m++)
        for(n=0;n<=3;n++)
            if(b[m][n]>ma)
                ma=b[m][n];
    return ma;
}
main()
```

```
{
    int a[3][4],i,j;
    for(i=0;i<=2;i++)
        for(j=0;j<=3;j++)
            scanf("%d",&a[i][j]);
    printf("max=%d",max(a));
}
```

运行结果:1 2 3 4↙
　　　　5 6 7 8↙
　　　　6 7 8 9↙
　　　　max=9

6. 利用全局变量设计函数,求一个任意三角形的面积。

已知三角形三条边,求面积的数学公式为:

$s=1/2*(a+b+c)$　　　$area=\sqrt{s*(s-a)*(s-b)*(s-c)}$

```
float a,b,c,s;
#include <math.h>
#include <stdio.h>
float trial()
{
    s=1.0/2*(a+b+c);
    return sqrt(s*(s-a)*(s-b)*(s-c));
}
main()
{
    float area,length;
    scanf("%f,%f,%f",&a,&b,&c);
    area=trial();
    printf("length=%6.2f,area=%6.2f",s,area);
}
```

运行结果:3,4,5↙
　　　　length=　6.00,area=　6.00

7. 编写函数,用选择排序法对10个数排序。

```
#include <stdio.h>
void sort(int array[],int n)
{
    int i,j,k,t;
    for(i=0;i<n-1;i++)
    {
        k=i;
```

```
        for(j=i+1;j<n;j++)
            if(array[j]<array[k])
                k=j;
        t=array[k];array[k]=array[i];array[i]=t;
    }
}
main()
{
    int a[10],i;
    printf("Enter the array:\n");
    for(i=0;i<10;i++)
        scanf("%d",&a[i]);
    sort(a,10);
    printf("The sorted array:\n");
    for(i=0;i<10;i++)
        printf("%3d",a[i]);
    printf("\n");
}
```

运行结果:Enter the array:

6 7 3 −4 −14 19 11 5 2 0↙

The sorted array:

−14 −4 0 2 3 5 6 7 11 19

8. 已知一个排好序的数组,由用户输入一个数,将其插入该数组,插入后数组依然是有序的,编写函数实现该功能。

```
# include <stdio.h>
# define N 10
void fun(float a[],float);
void main ( )
{
    float a[N+1],x;
    int i;
    printf ("输入已排好序的数列:");
    for (i=0;i<N;i++)
        scanf ("%f",&a[i]);
    printf ("输入要插入的数:");
        scanf ("%f",&x);
    fun(a,x);
    for (i=0;i<=N; i++)             /*输出数组a的所有元素*/
    {
```

```
        printf ("%8.2f",a[i]);
        if ((i+1)%5==0)
            printf ("\n");
    }
}
void fun(float a[],float x)
{
    int p,i;
    for (i=0,p=N;i<N; i++)
        if (x<a[i])                  /*找到一个大于x的元素a[p],即在a[p]之前插入x*/
        {
            p=i;
            break;
        }
        for (i=N-1;i>=p;i--)  /*将a[p]~a[N-1]元素后移一个位置*/
            a[i+1]=a[i];
        a[p]=x;                       /*在a[p]处插入x*/
}
```

运行结果：输入排好序的数列：-15-6-1 0 5 7 8 12 23 36↙

输入要插入的数：27↙

```
-15.00   -6.00   -1.00    0.00    5.00
  7.00    8.00   12.00   23.00   27.00
 36.00
```

9. 编写一个函数，求任意两个整数的最大公约数。

```
#include <stdio.h>
int hfc(int,int);
void main()
{
    int m,n,h;
    scanf("%d,%d",&m,&n);
    h=hfc(m,n);
    printf("H.F.C=%d\n",h);
}
int hfc(int m,int n)
{
    int t,r;
    if(m<n)
    {
        t=n;
```

```
        n=m;
        m=t;
    }
    while((r=m%n)!=0)
    {
        m=n;
        n=r;
    }
    return(n);
}
```

运行结果：6,9↙

H.F.C=3

10. 有5个人坐在一起，问第5个人多少岁？他说比第4个人大2岁。问第4个人岁数，他说比第3个人大2岁。问第3个人，又说比第2人大2岁。问第2个人，说比第一个人大2岁。最后问第1个人，他说是10岁。请问第5个人多大？请用递归的方法编写函数计算第n个人的岁数。

```
#include <stdio.h>
int age(int n)
{
    int c;
    if(n==1) c=10;
    else c=age(n-1)+2;
    return(c);
}
main()
{
    printf("%d",age(5));
}
```

运行结果：18

第6章　编译预处理

一、程序填空题

1. #

2. #include "math.h"

3. 48

4. 1

二、程序设计题

定义一个带参数的宏SWAP(x,y)，将x和y的值进行交换，并利用它将一维数组a和b的值进行交换。

```
#include <stdio.h>
#define SWAP(x,y)   {t=x;x=y;y=t;}
void main()
{
    int a[10]={1,2,3,4,5,6,7,8,9,10},b[10]={11,12,13,14,15,16,17,18,19,20},i,t;
    printf("\n 请输出原数组 a:\n");
    for(i=0;i<10;i++)
        printf("%4d",a[i]);
    printf("\n 请输出原数组 b:\n");
    for(i=0;i<10;i++)
        printf("%4d",b[i]);
    for(i=0;i<10;i++)
        SWAP(a[i],b[i])
    printf("\n 请输出交换后数组 a:\n");
    for(i=0;i<10;i++)
        printf("%4d",a[i]);
    printf("\n 请输出交换后数组 b:\n");
    for(i=0;i<10;i++)
        printf("%4d",b[i]);
}
```

运行结果：请输出原数组 a：

```
1   2   3   4   5   6   7   8   9   10
请输出原数组 b：
11  12  13  14  15  16  17  18  19  20
请输出交换后数组 a：
11  12  13  14  15  16  17  18  19  20
请输出交换后数组 b：
1   2   3   4   5   6   7   8   9   10
```

第7章　指　　针

1. 编写一个函数，不用字符串函数实现字符串的搜索，找到则返回开始下标，否则返回－1。

```
#include <stdio.h>
int compare(char *dst, char *src)
{
    int i,j;
    for (i=0;dst[i];i++)
    {
        for (j=0;src[j]&&dst[i+j];j++)
```

```
            if (src[j]! =dst[i+j])
                break;
        if (! src[j])
                return i;
    }
    return-1;
}
void main()
{
    int res;
    char *p="helloworld";
    char *q="wor";
    res=compare(p,q);
    printf("result of comparing is :%d",res);
}
```

运行结果:result of comparing is:5

2. 编写一个函数,不用字符串函数完成求字符串的长度。

```
#include <stdio.h>
int length(char *s)
{
    int i;
    for (i=0;s[i]!='\0';i++);
    return i;
}
void main()
{
    int len;
    char *p="helloworld";
    len=length(p);
    printf("string length is :%d",len);
}
```

运行结果:string length is:10

3. 编写一个函数,把一个字符串的前导空格字符过滤掉,并返回过滤后的字符串的指针。

```
#include <stdio.h>
char *trim(char *s)
{
    char *p;
    for (p=s;*p=='\x20';p++);
        return p;
```

```
}
void main()
{
    char *q;
    char *p="      hello world !";
    q=trim(p);
    printf("string is: %s",q);
}
```

运行结果:string is: hello world!

4. 编写程序用来判断输入的字符串是否是“回文”(顺读和倒读都一样的字符串称为“回文”,如 level)。

```
#include <stdio.h>
#include <string.h>
void main()
{
    char s[80], *t1, *t2;
    int m;
    gets(s);
    m=strlen(s);
    t1=s;
    t2= s+m-1;
    while(t1<t2)
    {
        if ( *t1! = *t2)
            break;
        else
            {
                t1++;
                t2--;
            }
    }
    if (t1<t2)
        printf("NO\n");
    else
        printf("YES\n");
}
```

运行结果:level↙
　　YES

5. 编写程序将数组中的数据按逆序存放。

```
#include <stdio.h>
#define M 10
void main()
{
    int a[M], m, n, temp;
    for( m=0; m<M; m++)
        scanf ("%d", a+m);
    m=0;
    n=M-1;
    while(m<n)
    {
        temp=*(a+m);
        *(a+m)=*(a+n);
        *(a+n)=temp;
        m++;
        n--;
    }
    for (m=0;m<M;m++)
        printf("%3d", *(a+m));
}
```

运行结果:1 2 3 4 5 6 7 8 9 10↙

10 9 8 7 6 5 4 3 2 1

6. 编写程序在 a 数组中查找与 x 值相同的元素的所在位置。

```
#include <stdio.h>
void main()
{
    int a[11], x, m;
    printf("please input ten numbers:\n");
    for(m=1;m<11;m++)
        scanf("%d", a+m);
    printf("please input x:");
    scanf("%d", &x);
    *a= x;
    m=10;
    while (x!=*(a+m))
        m--;
    if (m>0)
        printf("%5d's position is : %4d\n", x, m);
```

```
    else
        printf("%d not been found! \n", x);
}
```

运行结果:please input ten numbers:

　　　1 2 3 4 5 6 7 8 9 10↙

　　　please input x: 10↙

　　　10's position is :　　10

7. 编写程序用来删除字符串 s 中的所有空格(包括 TAB 符)。

```
#include <stdio.h>
#include <string.h>
#include <ctype.h>
delspace(char *t)
{
    int m, n;
    char c[80];
    for(m=0, n=0; t[m]; m++)
        if (! isspace( *(t+m))) /*C语言提供的库函数,用以判断字符是否为空格*/
        {
            c[n]=t[m];
            n++;
        }
    c[n]='\0';
    strcpy(t, c);
}
void main()
{
    char s[80];
    gets(s);
    delspace(s);
    puts(s);
}
```

运行结果:abcd efgh ij op↙

　　　abcdefghijop

8. 编写程序用来将八进制正整数字符串转换为十进制整数。

```
#include <stdio.h>
#include <string.h>
void main()
{
    char *t, s[8];
```

```
    int n;
    t=s;
    gets(t);
    n=*t-'0';
    while (*(++t)!='\0')
        n=n*8+*t-'0';
    printf("%d\n", n);
}
```

运行结果:56↙

46

第8章 结构体、共用体和枚举类型

一、程序设计题

1. 定义一个日期结构类型(包括年、月、日),编写一个函数以该日期为参数,返回值为该日期是本年中的第几天。

```
#include <stdio.h>
struct Date
{int year;
 int month;
 int day;
};
int calculate(struct Date d)
{int day=0;
 switch(d.month)
    {case 1:day=0;break;
     case 2:day=31;break;
     case 3:day=31+28;break;
     case 4:day=31+28+31;break;
     case 5:day=31+28+31+30;break;
     case 6:day=31+28+31+30+31;break;
     case 7:day=31+28+31+30+31+30;break;
     case 8:day=31+28+31+30+31+30+31;break;
     case 9:day=31+28+31+30+31+30+31+31;break;
     case 10:day=31+28+31+30+31+30+31+31+30;break;
     case 11:day=31+28+31+30+31+30+31+31+30+31;break;
     case 12:day=31+28+31+30+31+30+31+31+30+31+30;break;
    }
  day=day+d.day;
```

```
  if (d.month>2)
    if (d.year%400==0 || d.year%100!=0 && d.year%4==0) day=day+1;
  return day;
}
void main()
{int res;
 struct Date date;
 date.year=2009;
 date.month=6;
 date.day=8;
 res=calculate(date);
 printf("the day %d-%d-%d is the %dth day in year %d!", date.year,date.month,
date.day,res,date.year);
}
```

运行结果:the day 2009-6-8 is the 159th day in year 2009!

2. 建立复数结构类型,并编程计算两复数变量的和与乘积。

```
#include <stdio.h>
struct complex
{float real;
 float imag;
};
struct complex mul(struct complex x,struct complex y)
{struct complex z;
 z.real=x.real * y.real-x.imag * y.imag;
 z.imag=x.real * y.imag+x.imag * y.real;
 return z;
}
void main()
{struct complex a={3,3},b={2.5,4},c,d;
 c.real=a.real+b.real; c.imag=a.imag+b.imag;
 d=mul(a,b);
 printf("complex addtion result is:%f ,%f\n",c.real,c.imag);
 printf("complex mul result is:%f ,%f\n",d.real,d.imag);
}
```

运行结果:complex addtion result is:5.500000,7.000000
complex mul result is:-4.500000,19.500000

二、简答题

1. 答:通过语句"printf("%s",table[1].word);"输出。

2. 答:结构体类型变量和结构体类型指针变量均可以访问结构体单元,但结构体类型指针变量需要先设置初始地址才能使用。

3. 答:同类的结构体变量可以直接复制和比较,操作会作用到其所有成员变量。

4. 答:①结构体和数组类型均是自定义的构造数据类型,由多个成员构成。②结构体的成员可以不同类型,按名访问;数组的成员只能同一类型,按下标访问。③数组名不可以整体操作,作为函数参数时也只是传址方式;同类型的结构体名可以直接赋值和比较,可以作为传值方式的参数。

5. 答:可以,但一般不用。因为可以将 union 成员直接拆解外层共用体中。

第9章 文 件

1. 从键盘上输入一个字符串,最后以'#'结束,设计一个程序,要求将字符串中的小写字母全部转换为大写字母,并把转换后的字符串全部保存到一个名为“upper.txt”的文本文件中。

```
#include <stdio.h>
void main()
{
    FILE *fp;
    char c;
    if ((fp=fopen("C:\\upper.txt","w"))==NULL)
    {
        printf("Can not create this file.\n");
    }
    printf("\nInput a string:\n");
    while((c=getchar())!='#')
    {
        if (c>='a'&&c<='z')
            c=c-32;
            fputc(c,fp);
            putchar(c);
    }
    fclose(fp);
    printf("\n\n*** Completed ***\n");
}
```

运行结果:Input a string:

```
abdDKSLJGdlaj#↙
ABDDKSLJGDLAJ

*** Completed ***
```

2. 编写程序用来统计文件中所有字符的个数。假设 C 盘“fname.dat”文件中的内容是"abcdefgh12345678"。

```
#include <stdio.h>
```

```
void main()
{
    FILE *fp;
    long num=0;
    if(( fp=fopen("C:\\fname.dat","r"))==NULL)
    {
        printf( "Can't open file! \n");
    }
    while(! feof(fp))
    {
        fgetc(fp);
        num++;
    }
    printf("num=%d\n", num-1);
    fclose(fp);
}
```

运行结果:num=16

3. 设计一个程序,要求把文件中所有'*'字符全部替换成'$'字符,并同时统计并显示替换次数。假设C盘"exam.txt"文件中的内容是"ab*c*d**ef*gh"。

```
#include <stdio.h>
void main()
{
    FILE *fp;
    int count=0;
    if(( fp=fopen("C:\\exam.txt","r+"))==NULL)
    {
        printf( "Can 't open file! \n");
    }
    while(! feof(fp))
        if (fgetc(fp)=='*')
        {
            fseek(fp,-1L,SEEK_CUR);
            fputc('$',fp);
            fseek(fp,ftell(fp),SEEK_SET);
            count++;
        }
    fclose(fp);
    printf("\nNumber of modified is %d.\n",count);
}
```

运行结果:Number of modified is 5.

4. 编写程序,要求其功能是对一磁盘文件,第一次将它显示在屏幕上,第二次把它复制到另一文件中。

```
#include <stdio.h>
void main()
{
    FILE *fp1, *fp2;
    fp1=fopen("C:\\file1.c","r");
    if (! fp1)
    {
        printf("Can't open file file1.c");
    }
    fp2=fopen("C:\\file2.c", "w");
    if(! fp2)
    {
        printf("Can't open file file2.c");
    }
    while(! feof(fp1))
        putchar(getc(fp1));
    rewind(fp1);
    while (! feof(fp1))
        putc(getc(fp1),fp2);
    fclose(fp1);
    fclose(fp2);
}
```

第10章 面向对象技术与C++程序设计基础

1. 答:客观世界中任何一个事物都可以看成一个对象(object)。类(class)是指具有相同结构和操作方法并遵守相同约束规则的对象的集合,类是对一组对象的抽象。对象的动态特征即行为,计算和输出有关数据就是行为,在程序设计方法中也称为方法(method)。调用对象中的函数就是向该对象传送一个消息(message),要求该对象实现某一行为(功能)。

2. 答:面向对象程序设计面对的是一个个对象。实际上,每一组数据都是有特定用途的,是某种操作的对象。也就是说,一组操作调用一组数据。程序设计者的任务包括两个方面:一是设计所需的各种类和对象,即决定把哪些数据和操作封装在一起;二是考虑怎样向有关对象发送消息,以完成所需的任务。

3. 答:如果在软件开发中已经建立了一个名为A的"类",又想另外建立一个名为B的"类",而后者与前者内容基本相同,只是在前者的基础上增加一些属性和行为,显然不必再从头设计一个新类，而只需在类A的基础上增加一些新内容即可。这就是面向对象程序设计中的继承机制。

4. 答：如果有几个相似而不完全相同的对象，有时人们要求在向它们发出同一个消息时，它们的反应各不相同，分别执行不同的操作。这种情况就是多态现象。在C＋＋中，所谓多态性(polymorphism)是指：由继承而产生的相关的不同的类，其对象对同一消息会作出不同的响应。多态性是面向对象程序设计的一个重要特征，能增加程序的灵活性。

参考文献

［1］刘成忠.C语言程序设计实验教程 .北京:中国农业大学出版社,2009.

［2］王联国.C语言程序设计教程.北京:中国农业大学出版社,2009.

［3］谭浩强.C程序设计题解与上机指导.3版.北京:清华大学出版社,2005.

［4］孙承爱,赵卫东,等.程序设计基础(基于C语言)习题解答、上机指导、试题精选.北京:中国人民大学出版社,2009.

［5］罗坚,王声决,等.C程序设计实验教程.北京:中国铁道出版社,2007.

［6］李春葆,金晶,等.C语言程序设计辅导.北京:清华大学出版社,2007.

［7］张基温.C语言程序设计案例教程——习题解析与实验指导.北京:清华大学出版社,2007.

［8］林小茶.C语言程序设计习题解答与上机指导.北京:中国铁道出版社,2005.

［9］王为青.C语言高级编程及实例剖析.北京:人民邮电出版社,2007.

［10］谢乐军.C语言程序设计及应用习题解析与上机指导.北京:冶金工业出版社,2004.

［11］杨克昌.计算机常用算法与程序设计教程.北京:人民邮电出版社,2008.

［12］谭浩强.C程序设计.3版.北京:清华大学出版社,2005.

［13］王连相,冯锋.C/C++程序设计.北京:中国科学技术出版社,2005.

［14］宛延闿.C++语言和面向对象程序设计.北京:清华大学出版社,1993.

［15］黄纯国,匡松,等.C语言程序设计.北京:科学出版社,2006.

［16］吴文虎.程序设计基础.北京:清华大学出版社,2004.

［17］王树义,钱达源,等.C语言程序设计.大连:大连理工大学出版社,1999.

［18］罗坚,王声决,等.C程序设计教程.北京:中国铁道出版社,2007.

［19］赵建锋,何朝阳,等.C语言程序设计.北京:中国林业出版社,北京大学出版社,2006.

［20］林小茶,陈维兴.C++面向对象程序设计习题解答与上机指导.北京:中国铁道出版社,1999.